云计算工程师系列

网络原理与应用

主　编　肖睿　周雯
副主编　武华　于强　赵晶

中国水利水电出版社
www.waterpub.com.cn
·北京·

内 容 提 要

万丈高楼平地起，学习云计算同样需要打好基础。本书针对零基础人群，由入门到精通，使读者在理解网络原理的基础上学习网络设备的配置。首先介绍网络的概念、网络参考模型，然后介绍交换机及路由器的配置、网络协议、子网划分、访问控制列表、网络地址转换、IPv6 协议，这些都是入门必备的技能，需要多动手多练习，熟练掌握及应用才能为进一步的学习打下坚实的基础。

本书通过通俗易懂的原理及深入浅出的案例，并配以完善的学习资源和支持服务，为读者带来全方位的学习体验，包括视频及动画教程、案例素材下载、学习交流社区、讨论组等终身学习内容，更多技术支持请访问课工场 www.kgc.cn。

图书在版编目（ＣＩＰ）数据

网络原理与应用 / 肖睿，周雯主编. -- 北京 ： 中国水利水电出版社，2017.5（2024.3 重印）
（云计算工程师系列）
ISBN 978-7-5170-5402-3

Ⅰ．①网… Ⅱ．①肖… ②周… Ⅲ．①计算机网络
Ⅳ．①TP393

中国版本图书馆CIP数据核字(2017)第105389号

策划编辑：石永峰 责任编辑：张玉玲 加工编辑：高 辉 封面设计：梁 燕

书 名	云计算工程师系列 网络原理与应用 WANGLUO YUANLI YU YINGYONG	
作 者	主 编 肖睿 周雯 副主编 武华 于强 赵晶	
出版发行	中国水利水电出版社 （北京市海淀区玉渊潭南路 1 号 D 座 100038） 网址：www.waterpub.com.cn E-mail：mchannel@263.net（答疑） 　　　　sales@mwr.gov.cn 电话：（010）68545888（营销中心）、82562819（组稿）	
经 售	北京科水图书销售有限公司 电话：（010）68545874、63202643 全国各地新华书店和相关出版物销售网点	
排 版	北京万水电子信息有限公司	
印 刷	三河市德贤弘印务有限公司	
规 格	184mm×260mm　16 开本　15.5 印张　344 千字	
版 次	2017 年 5 月第 1 版　2024 年 3 月第 3 次印刷	
印 数	6001—7000 册	
定 价	48.00 元	

丛书编委会

主　任：肖　睿

副主任：刁景涛

委　员：杨　欢　　潘贞玉　　张德平　　相洪波　　谢伟民

　　　　庞国广　　张惠军　　段永华　　李　娜　　孙　苹

　　　　董泰森　　曾谆谆　　王俊鑫　　俞　俊

课工场：李超阳　　祁春鹏　　祁　龙　　滕传雨　　尚永祯

　　　　张雪妮　　吴宇迪　　曹紫涵　　吉志星　　胡杨柳依

　　　　李晓川　　黄　斌　　宗　娜　　陈　璇　　王博君

　　　　刁志星　　孙　敏　　张　智　　董文治　　霍荣慧

　　　　刘景元　　袁娇娇　　李　红　　孙正哲　　史爱鑫

　　　　周士昆　　傅　峥　　于学杰　　何娅玲　　王宗娟

前　言

"互联网＋人工智能"时代，新技术的发展可谓是一日千里，云计算、大数据、物联网、区块链、虚拟现实、机器学习、深度学习等等，已经形成一波新的科技浪潮。以云计算为例，国内云计算市场的蛋糕正变得越来越诱人，以下列举了 2016 年以来发生的部分大事。

1. 中国联通发布云计算策略，并同步发起成立"中国联通沃云＋云生态联盟"，全面开启云服务新时代。

2. 内蒙古斥资 500 亿元欲打造亚洲最大云计算数据中心。

3. 腾讯云升级为平台级战略，旨在探索云上生态，实现全面开放，构建可信赖的云生态体系。

4. 百度正式发布"云计算＋大数据＋人工智能"三位一体的云战略。

5. 亚马逊 AWS 和北京光环新网科技股份有限公司联合宣布：由光环新网负责运营的 AWS 中国（北京）区域在中国正式商用。

6. 来自 Forrester 的报告认为，AWS 和 OpenStack 是公有云和私有云事实上的标准。

7. 网易正式推出"网易云"。网易将先行投入数十亿人民币，发力云计算领域。

8. 金山云重磅发布"大米"云主机，这是一款专为创业者而生的性能王云主机，采用自建 11 线 BGP 全覆盖以及 VPC 私有网络，全方位保障数据安全。

DT 时代，企业对传统 IT 架构的需求减弱，不少传统 IT 企业的技术人员，面临失业风险。全球最知名的职业社交平台 LinkedIn 发布报告，最受雇主青睐的十大职业技能中"云计算"名列前茅。2016 年，中国企业云服务整体市场规模超 500 亿元，预计未来几年仍将保持约 30% 的年复合增长率。未来 5 年，整个社会对云计算人才的需求缺口将高达 130 万。从传统的 IT 工程师转型为云计算与大数据专家，已经成为一种趋势。

基于云计算这样的大环境，课工场（kgc.cn）的教研团队几年前开始策划的"云计算工程师系列"教材应运而生，它旨在帮助读者朋友快速成长为符合企业需求的、优秀的云计算工程师。这套教材是目前业界最全面、专业的云计算课程体系，能够满足企业对高级复合型人才的要求。参与编写的院校老师还有周雯、武华、于强、赵晶等。

课工场是北京大学下属企业北京课工场教育科技有限公司推出的互联网教育平台，专注于互联网企业各岗位人才的培养。平台汇聚了数百位来自知名培训机构、高校的顶级名师和互联网企业的行业专家，面向大学生以及需要"充电"的在职人员，针对与互联网相关的产品设计、开发、运维、推广和运营等岗位，提供在线的直播和录播课程，并通过遍及全国的几十家线下服务中心提供现场面授以及多种形式的教学服务，并同步研发出版最新的课程教材。

除了教材之外，课工场还提供各种学习资源和支持，包括：

- 现场面授课程
- 在线直播课程
- 录播视频课程
- 授课 PPT 课件
- 案例素材下载
- 扩展资料提供
- 学习交流社区
- QQ 讨论组（技术，就业，生活）

以上资源请访问课工场网站 www.kgc.cn。

本套教材特点

（1）科学的训练模式

- 科学的课程体系。
- 创新的教学模式。
- 技能人脉，实现多方位就业。
- 随需而变，支持终身学习。

（2）企业实战项目驱动

- 覆盖企业各项业务所需的 IT 技能。
- 几十个实训项目，快速积累一线实践经验。

（3）便捷的学习体验

- 提供二维码扫描，可以观看相关视频讲解和扩展资料等知识服务。
- 课工场开辟教材配套版块，提供素材下载、学习社区等丰富的在线学习资源。

读者对象

（1）初学者：本套教材将帮助你快速进入云计算及运维开发行业，从零开始逐步成长为专业的云计算及运维开发工程师。

（2）初中级运维及运维开发者：本套教材将带你进行全面、系统的云计算及运维开发学习，逐步成长为高级云计算及运维开发工程师。

课程设计说明

课程目标

读者学完本书后，能够掌握网络原理与配置，设计、实施和维护中小型网络。

训练技能

- 理解路由交换原理并进行基本配置。
- 理解 ARP 攻击与欺骗的原理并掌握其应用。
- 理解三层交换机、VLAN 和 Trunk 的原理并掌握其应用。
- 理解生成树协议 STP 的原理并掌握其应用。
- 理解热备份路由选择协议 HSRP 和 VRRP 的原理并掌握其应用。
- 理解 IP 子网划分的原理，能够进行子网划分及 IP 地址规划。
- 理解访问控制列表 ACL 的原理并掌握标准、扩展及命名 ACL 的应用。
- 理解网络地址转换 NAT 的原理并掌握静态、动态 NAT 及 PAT 的应用。

设计思路

本书采用了教材＋扩展知识的设计思路，扩展知识提供二维码扫描，形式可以是文档、视频等，内容可以随时更新，能够更好地服务读者。

教材分为 13 个章节、3 个阶段来设计学习，即计算机网络基础、路由交换原理与配置、网络高级技术，具体安排如下：

- 第 1 章～第 3 章介绍网络概述、数制转换、IP 地址等基础知识，理解网络参考模型 OSI 和 TCP/IP，掌握网络传输介质与布线的内容。
- 第 4 章～第 9 章是构建企业网络，使用冗余备份技术增强企业网络可靠性，包括路由器交换机原理与配置、网络层协议与应用、VLAN 与三层交换机、STP、HSRP、VRRP 等。这部分原理性较强的内容依然采用 Cisco 设备进行讲解，后续课程介绍了 H3C 设备的配置。
- 第 10 章～第 13 章介绍网络高级技术，包括 IP 子网划分、ACL、NAT、IP 分片原理、IPv6 协议。

章节导读

- 技能目标：学习本章所要达到的技能，可以作为检验学习效果的标准。
- 本章导读：对本章涉及的技能内容进行分析并展开讲解。
- 操作案例：对所学内容的实操训练。

- 本章总结：针对本章内容的概括和总结。
- 本章作业：针对本章内容的补充练习，用于加强对技能的理解和运用。
- 扩展知识：针对本章内容的扩展、补充，对于新知识随时可以更新。

学习资源

- 学习交流社区（课工场）
- 案例素材下载
- 相关视频教程

更多内容详见课工场 www.kgc.cn。

目　　录

第1章

计算机网络基础

技能目标

- 了解网络协议和标准的区别
- 了解网络的拓扑结构
- 了解网络常用设备及其功能
- 熟练掌握数制转换的方法
- 掌握 IP 地址的定义及分类
- 理解子网掩码

本章导读

从本章开始，我们将把大家引入到网络世界。就像出门旅游前必须做好准备工作一样，大家在接触这个全新的网络世界之前应该学习一些网络的基础概念、演算方法，为后面网络课程的学习打下坚实的基础。

本章的主要内容包括常见名词概念简介、常见的网络标准介绍以及网络拓扑的类型及简单应用；之后将对数制转换进行一个较为详细的分析讲解，即二进制、十进制、十六进制数之间的转换，而对此部分内容的理解、掌握将直接关系到后续 IP 和 MAC 地址的学习。

IP 地址是用于标识网络节点的逻辑地址，管理 IP 地址不但是网络管理员一项重要的任务，而且也往往成为其他各项网络工作任务的基础。

知识服务

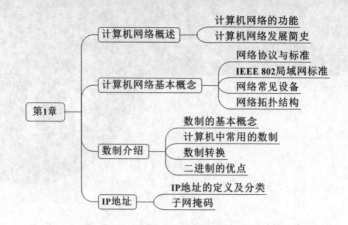

1.1　计算机网络概述

计算机网络将两台或多台计算机通过电缆或网络设备连接在一起，以便在它们之间交换信息、共享资源。

那什么是计算机网络呢？用通信设备和线路将处在不同地理位置、操作相对独立的多台计算机连接起来，并配置相应的系统和应用软件，在原本各自独立的计算机之间实现软硬件资源共享和信息传递等功能的系统就是计算机网络。

1.1.1　计算机网络的功能

自 20 世纪 60 年代末计算机网络诞生以来，仅几十年时间它就以异常迅猛的速度发展起来，被越来越广泛地应用于政治、经济、军事、生产及科学技术等领域，如图 1.1 所示。计算机网络的主要功能包括如下几个方面。

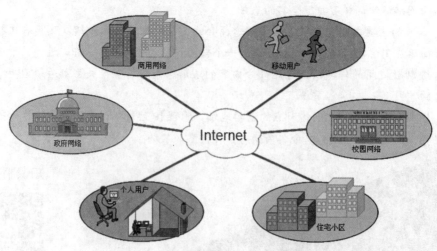

图 1.1　Internet 渗透到社会的方方面面

1．数据通信

现代社会的信息量激增，信息交换也日益增多，利用网络来传输各种信息和数据，比传统的方式更节省资源和更高效。另外，通过网络还可以传输声音、图像和视频，实现多媒体通信。

2．资源共享

在计算机网络中有许多昂贵的资源，如大型数据库、计算机集群等，并不是每一个用户都拥有，所以必须实行资源共享。资源共享包括硬件资源的共享，如打印机、大容量磁盘等，也包括软件资源的共享，如程序、数据等。热门的"云计算"就是将强大的运算能力、存储能力以及软件资源共享给大量的用户，以此避免重复投资和劳动，从而提高了资源的利用率，使系统的整体性价比得到提高。

3．增加可靠性

在一个系统内，单个部件或计算机的暂时失效必须通过替换资源的方法来维持系统的持续运行。但在计算机网络中，每种资源（尤其是程序和数据）可以分别存放在多个地点，而用户可以通过多种途径来访问网络内部的某个资源，避免了单点失效对用户造成的影响。

4．提高系统处理能力

单机的处理能力是有限的，而同一网络内的多台计算机可通过协同操作和并行处理来提高整个系统的处理能力，使网络内各计算机实现负载均衡。

由于计算机网络具备上述功能，因此得到广泛的应用。最典型的代表就是互联网，它实质上就是一个全世界范围内的计算机网络。

1.1.2　计算机网络发展简史

20 世纪 60 年代，正值冷战时期，美国为了防止其军事指挥中心被苏联摧毁后，军事指挥出现瘫痪，开始设计一个由许多指挥点组成的分散指挥系统，并把几个分散的指挥点通过某种通信网连接起来成为一个整体，以保证当其中一个指挥点被摧毁后，不会出现全面瘫痪的现象。

1969 年，美国国防部高级研究计划署（ARPA）把 4 台军事及研究用计算机主机连接起来，于是 ARPANet 诞生了。ARPANET 是计算机网络发展历程中的一个里程碑，是 Internet 实现的基础。

20 世纪 70 年代末 80 年代初，计算机网络蓬勃发展，各种各样的计算机网络应运而生。网络的规模和数量都得到了很大的发展。一系列网络的建设，产生了不同网络间互联的需求。1974 年 ARPA 的鲍勃·凯恩和斯坦福的温登·泽夫合作，提出了 TCP/IP 协议思想。这一思想的提出，提供了这样一种可能：即不同厂商生产的计算机，在不同结构的网络间可以实现互通。而这正是 Internet 诞生时面临的首要挑战。

20 世纪 80 年代可以说是网络发展历程中非常重要的十年。1980 年，TCP/IP 协议研制成功。1982 年，ARPANET 开始采用 IP 协议。1985 年，美国国家科学基金会（NSF）组建 NSFNET，美国的许多大学、政府资助的研究机构甚至一些私营的研究机构也纷纷把自己的局域网并入 NSFNET 中，使其迅速扩大。1986 年，NSFNET 为其成为今后 Internet 的主干网奠定了基础。

从 20 世纪 90 年代中期开始，互联网进入了高速发展阶段。Web 技术将传统的语音、数据和电视网络融合，使得互联网的发展和应用出现了新的飞跃。各种 Web 应用带动了网民规模的迅速扩大。用户通过互联网传输的数据类型也发生了明显的转变，从文本到图形图像、到视频、再到高清视频等多媒体内容。

近年来，随着智能手机的普及，移动互联网也在飞速发展。另外，云计算的出现也给我们的数字世界带来了彻底的改变。由云提供商建设一个连接互联网的巨大数据中心，个人用户或公司用户通过云提供商来获取服务，如图 1.2 所示。对个人用户来说，只需要一部智能手机或一台笔记本电脑，就可以随时随地的"上云"。云服务是弹性的，对公司用户来说，不必购买大量的硬件，当突发业务需求超出公司 IT 系统能力时，就可以临时租用云服务，从而节省了大量成本。

图 1.2　云服务

1.2　计算机网络基本概念

1.2.1　网络协议与标准

本小节将要探讨两个被广泛使用且至关重要的名词：协议和标准。协议可以理解为"规则"，而标准可以理解为"一致同意的规则"。

1. 协议

在网络世界中,为了实现各种各样的需求需要在网络节点间通信;而在人类社会中,做任何事情同样需要人与人之间的交流。网络节点间的通信使用各种协议作为通信"规则",人与人之间的交流则是通过各种语言来实现的,可以说语言就是人与人之间交流的"规则"。协议对于网络节点间通信的作用类似于语言对于人类交流的作用。网络节点间的通信在将信号发送给对方的同时,也希望对方能够"理解"这个信号,并做出回应。因此,要进行通信的两个节点间必须采用一种双方均可"理解"的协议。

协议就是一组控制数据通信的规则。它定义了网络节点间要传送什么、如何通信以及何时进行通信,这正是协议的三个要素:语法、语义、同步。

语法:即数据的结构和形式,也就是数据传输的先后顺序。例如,协议可以规定网络节点前面传输的部分为 IP 地址,后面为要传输的信息。就像给亲朋好友写信,信封写明收 / 发件人的地址,信封里面才是信件本身的内容。

语义:语义是每一部分的含义。它定义数据的每一部分该如何解释,基于这种解释又该如何行动。就像运输货物,如果是玻璃或瓷器等易碎的货物,在包装箱上就会注明轻拿轻放的标识,这样负责运输的工人和收货人就会特别注意。

同步:指数据何时发送以及数据的发送频率。例如,如果发送端发送速率为 100Mb/s,而接收端以 10Mb/s 的速率接收数据,那么接收端将只能接收一小部分数据。

2. 标准

人类社会发展之初,人们过着相对原始的生活,人与人之间的协作很少且很简单,语言没有用武之地。随着社会的发展,人与人之间的交流、沟通越发频繁起来,于是语言诞生了。但各地的语言却存在着很大的差异,于是就形成了大家所熟知的"方言"。随着社会的进一步发展,各地域间的交流日趋频繁,不同的"方言"给大家的交往带来了诸多不便,于是,开始推行"普通话"。

我们可以将网络通信的协议理解为"方言",而将标准理解为"普通话"。在网络发展的过程中,很多机构或设备生产厂商(如思科公司)研发了自己的私有协议,而其他厂商生产的设备并不支持。如果网络设备间使用私有协议通信,除非设备都是同一厂家生产,否则将无法实现。于是国际上一些标准化组织就推行了一系列网络通信标准,来实现不同厂商设备间的通信。有如下标准:

ISO(国际标准化组织)——ISO 所涉足的领域很多,这里主要关注它在信息技术领域所做的努力,即在网络通信中创建了 OSI(开放系统互联)模型。本书第 2 章将详细介绍 OSI 模型。

ANSI(美国国家标准化局)——ANSI 是美国在 ISO 中的代表,它的目标是成为美国标准化志愿机构的协调组织,属非营利的民间组织。

ITU-T(国际电信联盟—电信标准部)——CCITT(国际电报电话咨询委员会)致力于研究和建立电信的通用标准,特别是针对电话和数据通信系统。它隶属于 ITU(国际电信联盟),于 1993 年之后改名为 ITU-T。

IEEE（电气和电子工程师学会）——IEEE是世界上最大的专业工程师学会。它主要涉及电气工程、电子学、无线电工程以及相关的分支领域，在通信领域主要负责监督标准的开发和采纳。

网络的协议和标准对于从事该行业的人员有很大的指导意义，也是必须要遵守的。在后续课程中，将会介绍各种具体的协议和标准，掌握它们是成为网络职业人员的必经之路。

1.2.2　IEEE 802 局域网标准

IEEE 802标准诞生于1980年2月，因此得名。它定义了网卡如何访问传输介质（如目前较为常见的双绞线、光纤、无线等），以及在这些介质上传输数据的方法等。目前广泛使用的设备（网卡、交换机、路由器等）都遵循 IEEE 802 标准。

> **名词解释**
>
> LAN（Local Area Network，局域网）是一个相对于 WAN（Wide Area Network，广域网）而言的概念。例如，相对于城市的网络，一所学校、一个公司的网络可以被看作局域网。一般来说，这些概念都是根据网络在地理上的范围大小而定的，并没有严格意义上的界定。

IEEE 802 委员会针对不同传输介质的局域网制定了不同的标准，适用于不同的网络环境。这里重点介绍 IEEE 802.3 标准和 IEEE 802.11 标准。

1. IEEE 802.3

最初 IEEE 802.3 标准定义了四种不同介质的 10Mb/s 的以太网规范，其中包括使用双绞线介质的以太网标准——10Base-T，该标准很快成为办公自动化应用中首选的以太网标准。

> **名词解释**
>
> 以太网（Ethernet）是采用目前最为通用的通信标准的一种局域网，传统的以太网速率为 10Mb/s。随着网络的发展只支持十兆位速率的以太网已经不常见了，取而代之的是百兆位、千兆位、万兆位的以太网络，且这些网络都可向下兼容。

在 IEEE 802.3 标准诞生后的几年中，以太网突飞猛进地发展，IEEE 802.3 工作小组相继推出一系列标准。

IEEE 802.3u 标准，即 100Mb/s 快速以太网标准，现已合并到 IEEE 802.3 中。

IEEE 802.3z 标准，即光纤介质实现 1Gb/s 以太网标准。

IEEE 802.3ab 标准，即双绞线实现 1Gb/s 以太网标准。

IEEE 802.3ae 标准，即实现 10Gb/s 以太网标准。

IEEE 802.3ba 标准，即实现 100Gb/s 以太网标准。

2．IEEE 802.11

1997 年，IEEE 802.11 标准成为第一个无线局域网标准，主要用于解决办公室和校园等局域网中用户终端的无线接入。数据传输的射频频段为 2.4GHz，速率最高只能达到 2Mb/s。后来，随着无线网络的发展，IEEE 又相继推出了一系列新的标准，常用的有以下几种。

IEEE 802.11a，是 IEEE 802.11 的一个修订标准，其载波频率为 5GHz，通信速率最高可达 54Mb/s，目前无线网络已经基本不再应用该标准。

IEEE 802.11b，相当普及的一个无线局域网标准，而且现在大部分的无线设备依然支持该标准，其载波频率为 2.4GHz，通信速率最高可达 11Mb/s。

IEEE 802.11g，被广泛应用的无线局域网标准，其载波频率为 2.4GHz，通信速率最高可达 54Mb/s，可与 IEEE 802.11b 兼容。

IEEE 802.11n，是一个还在草案阶段就广为应用的标准。现在，支持 IEEE 802.11n 标准的 Wi-Fi 无线网络是世界上应用最广的技术之一，其可靠的性能、易用性和广泛的适用性获得了用户的高度信赖。在传输速率方面得益于 MIMO（多输入多输出）技术的发展，IEEE 802.11n 的通信速度最高可达 600Mb/s。

IEEE 802.11ac，802.11n 之后的版本，目前应用越来越多。它工作在 5G 频段，理论上可以提供高达 1Gb/s 的数据传输能力。

1.2.3　网络常见设备

当用户通过电子邮件给远方的朋友送去祝福时，一定不会想到这封邮件在网络中将会经历怎样复杂的行程。就好比将一封真实的信件投到邮局后，无法了解邮局传递信件的中间过程一样。如图 1.3 所示，在网络中传输的信息需要经过各种通信设备，而设备会根据地址将数据转发到正确的目的地。对于计算机终端用户而言，这个复杂的中间过程就被"隐藏"了。

图 1.3　计算机通过网络设备进行通信

常见的网络通信设备有交换路由设备、网络安全设备、无线网络设备等。它们根据自身的功能特性分工协作，就像信息高速公路上的路标，为数据传输指明正确的方向。

1．交换路由设备

如图 1.4 所示，路由器和交换机是两种最为常用的主要的网络设备。它们是信息高速公路的中转站，负责转发公司网络中的各种通信数据。

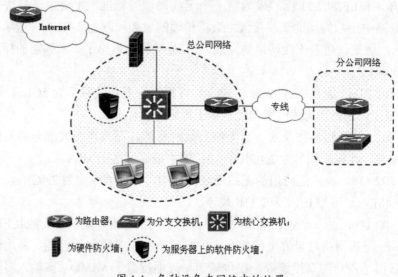

图 1.4　各种设备在网络中的位置

路由器就是在计算机网络中用于为数据包寻找合理路径的主要设备。从其本质上看，路由器就是一台连接多个网络，并通过专用软件系统将数据正确地在不同的网络间转发的计算机。

交换机是这样一种设备：底层的交换机主要用于连接局域网中的主机，具备学习MAC 地址的功能，并利用学习到的地址信息，实现这些主机间的高速数据交换；中高层的交换机用于连接底层的交换机，将各个小网络整合成具有逻辑性、层次性的大网络。这些交换机除了具有底层交换机的功能外，一般还具有路由功能，有的还具有简单的安全特性。

2．网络安全设备

网络安全方面的威胁往往是出乎意料的，就像人患感冒，一般是无法预知的。而且网络面临的这些威胁来自各个方面：病毒、黑客、员工有意或无意的攻击等，所以负责网络安全的管理员应该防患于未然，而不只是亡羊补牢。等到公司的核心业务数据或财务数据已经被盗取，或者公司的核心网络设备、服务器被攻击导致网络瘫痪，再进行相应的补救，就太晚了。

要做到防患于未然，就要借助各种各样的安全设备，比如防火墙设备、VPN 设备、IDS 设备，以及一些专业的流量检测监控设备等，通过专业人员的设计和部署，建立适合各种企业的安全网络体系。

（1）防火墙

防火墙就像网络的安全屏障，能够对流经不同网络区域间的流量强制执行访问控制策略。例如，大部分公司都会在门口安排一两名保安，只允许有工作证的人进入公司。保安就像是防火墙，他们充当公司内部区域和外部区域间的安全屏障，"只允许有工作证的人进入公司"就是一条强制执行的安全策略。

大多数人认为防火墙是一台放置在网络中的安全设备，其实，它也可以是存在于操作系统内部的一个软件系统，如很多公司的服务器都会安装服务器版的软件防火墙。如图 1.3 所示，公司内网与 Internet 之间被一台防火墙设备隔离开，从而避免公司内部资源受到来自未知网络（Internet）的攻击；公司内部的服务器一般存储着各种重要的业务信息，而安装在服务器操作系统上的软件防火墙可以防御来自公司内部的攻击。

（2）VPN 设备

VPN（Virtual Private Network，虚拟专用网）可以理解为一条穿越网络（一般为 Internet）的虚拟专用通道。防火墙虽然可以防御来自公司内外网的攻击，但如果有黑客在 Internet 上截获公司传递的关键业务数据，它就无能为力了。

VPN 设备可以对关键业务数据进行加密传输，数据传递到接收方会被解密，这样即使有人在数据传递途中截获数据，也无法了解到任何有用的信息。

虽然专门的 VPN 设备性能好，加密算法执行效率高，但考虑到性价比，大多数公司都只在网关设备（如路由器、防火墙设备等）上实现。如图 1.5 所示，分公司的客户端主机要在 Internet 上传输关键业务数据到总公司的服务器，数据在此过程将始终被加密，这就好比在两个防火墙设备间建立了一条安全的虚拟专用通道，以便公司在 Internet 上安全地传输业务、财务数据，而不被非法用户窃取。

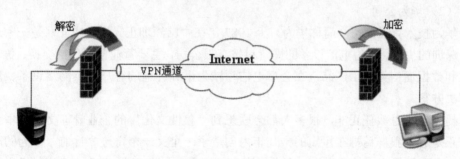

图 1.5　通过 VPN 技术实现数据加密传输

3. 无线网络设备

无线网络就是利用无线电波作为信息传输的媒介构成的网络体系，与有线网络最大的区别在于传输介质，即利用无线电波取代网线。

无线网络设备就是基于无线通信协议而设计出的网络设备。常见的无线网络设备包括无线路由器、无线网卡、无线网桥等。

无线路由器可以看作是无线 AP 和宽带路由器的一种结合体。因为有了宽带路由器的功能，它既可以实现家庭无线网络中的 Internet 连接，也可以实现 ADSL 和小区宽带的无线接入功能。

无线 AP（Access Point，接入访问点）从广义上讲，不仅是单纯意义上的无线 AP，也是无线路由器、无线网桥等设备的统称。目前各种书籍及厂商对于无线 AP 的定义比较混乱。

无线网桥可用于连接两个或多个独立的网络，可以支持不同建筑物内的网络互联。

4. 网络设备生产厂商

从 1999 年至今，国内的网络设备市场从 Cisco 的一枝独秀，变成华为、H3C、锐捷、中兴通信等多家国内生产厂商群雄逐鹿的态势。

（1）Cisco 公司

思科系统公司（Cisco System，Inc.）提供互联网络整体解决方案，连接计算机网络的设备及其软件系统是它的主要产品，主要有路由器、交换机、网络安全产品、语音产品、存储设备以及这些设备的 IOS（互联网操作系统）软件等，在网络设备市场的各个领域均处于领先地位。

除此之外，Cisco 公司历来都非常重视自己的产品培训，制定网络工程师认证体系，培养了数百万的 Cisco 网络人才。Cisco 成功的产品培训也带动了整个网络产品市场的发展，国内很多网络设备领域的工程师，都是通过学习 Cisco 认证体系使自己成功步入该行业的。

（2）华为公司

华为技术有限公司（简称华为）于 1987 年在中国深圳正式注册成立，是一家总部位于深圳的生产、销售电信设备的民营科技有限公司，主要营业范围包括交换、传输、无线和数据通信类电信产品，在全球电信领域为世界各地的客户提供网络设备、服务和解决方案。

提到华为总裁任正非，很多人都会联想到"狼性文化"的企业管理文化。华为的员工正是靠着狼群精神在短短的十几年内创造了一个又一个奇迹。目前，华为的产品和解决方案已经应用于全球 100 多个国家。2016 年 12 月 26 日，2016 年度《世界品牌500 强》排行榜揭晓，华为入围百强。

（3）H3C

H3C 即杭州华三通信技术有限公司，也称华三。H3C 的前身是华为 3COM 公司，是华为与美国 3COM 公司的合资公司。2006 年 11 月，华为将在华为 3COM 公司中的49% 股权以 8.8 亿美元出售给 3COM 公司。至此，华为 3COM 成为 3COM 的全资子公司，更名为 H3C。

H3C 不但拥有全线路由器和以太网交换机产品，还在网络安全、云存储、云桌面、硬件服务器、WLAN、SOHO 及软件管理系统等领域稳健发展。

1.2.4　网络拓扑结构

网络拓扑结构是指用传输媒体互连各种设备的物理布局，也就是用什么方式连接网络中的计算机、网络设备。它的结构有星型拓扑、总线型拓扑、环型拓扑、网型拓扑等，目前最为常用的是星型拓扑和网型拓扑。

1. 星型拓扑结构

星型拓扑结构的网络有中心节点，且网络的其他节点都与中心节点直接相连，如图 1.6 所示。还有一种较为复杂的星型拓扑结构，有很多书籍或文档也称之为树型拓扑（可以理解为星型拓扑的复合结构），目前在园区网、公司内网等局域网中一般都采用这种结构。

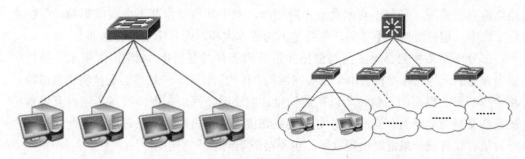

图 1.6　星型拓扑

星型拓扑结构的优点如下：

- 易于实现。组网简单、快捷、灵活方便是星型拓扑被广泛应用的最直接原因。大部分星型拓扑的网络都采用双绞线作为传输介质，而双绞线本身的制作与连接又非常简单，因此星型拓扑结构被广泛应用于政府、企业、学校内部局域网环境。
- 易于网络扩展。假如公司内网有新员工加入，只需从中心节点多连一条线到员工的计算机即可；假如公司内网需要添加一个新的办公区（部门），只需将连接该办公区的交换机与公司内网的核心交换机相连即可。
- 易于故障排查。每台连接在中心节点的主机如果发生故障，并不会影响网络的其他部分。更重要的是，一旦网络发生故障，网络管理员很容易就可确定故障点或可能的故障范围，从而有助于快速解决网络故障。

星型拓扑结构的缺点如下：

- 中心节点压力大。从星型拓扑的结构图中可以清楚地看到，任意两点客户端之间的通信都要经过中心节点（交换机），所以中心节点很容易成为网络瓶颈，影响整个网络的速度。另外，如果中心节点出现故障，将会导致全网不能工作，所以星型拓扑结构对于中心节点的可靠性和转发数据能力的要求较高。
- 组网成本较高。对交换机（尤其是核心交换机）的转发性能、稳定性要求较高，价格自然也就比较昂贵，有些核心的交换设备高达几万甚至几十万美元。

虽然很多公司为了节约成本选择价格较为低廉的设备，但是线缆以及布线所需的费用就很难节省了。星型拓扑要求每个分支节点与中心节点直接相连，因此需要大量线缆，而且考虑到建筑物内的美观，线缆沿途经过的地方需要打墙孔、重新装修等，就会产生很多附加费用。

2. 网型拓扑结构

网型拓扑结构中的各个节点至少与其他两个节点相连。这种拓扑最大的优点是可靠性高，网络中的任意两节点间都同时存在一条主链路和一条备份链路，但是这些冗余的线路本身又造成网络的建设成本成倍增长。

网型拓扑结构分为两种类型：全网型拓扑和部分网型拓扑。

全网型拓扑指网络结构中任一节点与其他所有节点互连，如图 1.7 所示。这种网络结构真正实现了任何一点或几点出现故障，对于其他节点都不会造成影响。但在实际工作中，这种结构并不多见，主要是因为成本太高，而且确实没有必要。

部分网型拓扑包括除了全网型拓扑之外的所有网型拓扑，如图 1.8 所示，是目前较为常见的一种拓扑结构。由于核心网络的"压力"较大，一旦核心交换机出现故障，将会影响整个网络的通信，所以在最初设计网络时，网络工程师准备了两台互为备份的核心交换机，而且任意一台分支交换机到核心交换机都有两条链路，因此即使其中一台核心设备或一条链路出现故障，也不会影响网络正常通信。

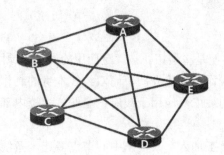

图 1.7　全网型拓扑

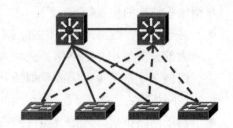

图 1.8　部分网型拓扑

至于其余几种拓扑结构，在今天的网络已经基本看不到了，这里不再赘述。如果大家想成为一名合格的网络工程师，就要根据公司实际的网络需求设计出合适的网络拓扑结构，而不要拘泥于书本上的网络定势。

1.3　数制介绍

前面从大的方面阐述了网络的基本概念、基本框架，下面将对数制转换的内容做详细介绍。因为网络中传输的各式各样的信息都是依靠一种基本的数制计数方法——二进制表示的。所以我们可以形象地理解为，在人类的世界里，通常采用十进制方法计数，而在网络世界里，计算机通常采用二进制方法计数。为了架起人类世界和网络世界的桥梁，我们就要学习数制转换。

日常生活中最常使用的是十进制，基数是 10，因为人有 10 根手指"屈指可数"，数完手指就要考虑进位了。南美的印地安人数完手指数脚趾，所以他们就使用二十进制，北美是五进制手指记数法的起源地，至今还有人使用。1 小时等于 60 分钟，1 分钟等于 60 秒，圆周角为 360°，每度 60 分，最早采用六十进制的是古巴比伦人。当然，世界上大多数地区采用的还是十进制，有 0 ~ 9 共 10 个数字符号，逢十进一。二进制与十进制类似，但是其基数是 2，只有两个数字 0 和 1，逢二进一。

1.3.1　数制的基本概念

首先明确以下概念。

- 数制：计数的方法，指用一组固定的符号和统一的规则来表示数值的方法，如在计数过程中采用进位的方法称为进位计数制。进位计数制有数位、基数、位权三个要素。
- 数位：指数字符号在一个数中所处的位置。
- 基数：指在某种进位计数制中数位上所能使用的数字符号的个数。例如，十进制数的基数是 10，二进制数的基数是 2。
- 位权：指在某种进位计数制中数位所代表的大小，即处在某一位上的"1"所表示的数值的大小。对于一个 N 进制数（即基数为 N），若数位记作 k，则位权可记作 N_k，整数部分第 i 位的位权为 $N_i = N^{i-1}$，而小数部分第 k 位的位权为 $N_k = N^{-k}$。例如：十进制第 2 位的位权为 $10^1 = 10$，第 3 位的位权为 $10^2 = 100$；而二进制第 2 位的位权为 $2^1 = 2$，第 3 位的位权为 $2^2 = 4$。

既然有不同的进制，那么在给出一个数时，就需要指明它是什么数制里的数。对不同的数制，可以给数字加上括号，使用下标来表示该数字的数制（当没有下标时默认为十进制）。例如：$(1010)_2$、123、$(2A4E)_{16}$ 分别代表不同数制的数，而且我们可以看到，$(1010)_2$、$(1010)_{10}$、$(1010)_{16}$ 所代表的数值是完全不同的。

除了用下标表示外，还可以用后缀字母来表示数制。

- 十进制数（Decimal Number）用后缀 D 表示或无后缀。
- 二进制数（Binary Number）用后缀 B 表示。
- 十六进制数（Hexadecimal Number）用后缀 H 表示。

例如：2A4EH、FEEDH、BADH（最后的字母 H 表示是十六进制数）与 $(2A4E)_{16}$、$(FEED)_{16}$、$(BAD)_{16}$ 的意义相同。

在数制中，还有一个规则，就是 N 进制必须是逢 N 进一。

- 十进制数的特点是逢十进一。例如：

$$(1010)_{10} = 1 \times 10^3 + 0 \times 10^2 + 1 \times 10^1 + 0 \times 10^0$$

- 二进制数的特点是逢二进一。例如：

$$(1010)_2 = 1 \times 2^3 + 0 \times 2^2 + 1 \times 2^1 + 0 \times 2^0 = (10)_{10}$$

- 十六进制数的特点是逢十六进一。例如：

$$(1010)_{16} = 1 \times 16^3 + 0 \times 16^2 + 1 \times 16^1 + 0 \times 16^0 = (4112)_{10}$$

1.3.2 计算机中常用的数制

计算机中常用的数制有十进制、二进制和十六进制。

1. 十进制（Decimal）

特点如下：

- 基数是 10，数值部分用十个不同的数字符号 0、1、2、3、4、5、6、7、8、9 来表示。
- 逢十进一。

例如：对于 123.45，小数点左边第 1 位代表个位，"3" 在左边第 1 位上，它代表的数值是 3×10^0，"1" 在小数点左边第 3 位上，代表的是 1×10^2，"5" 在小数点右边第 2 位上，代表的是 5×10^{-2}。

$$123.45 = 1 \times 10^2 + 2 \times 10^1 + 3 \times 10^0 + 4 \times 10^{-1} + 5 \times 10^{-2}$$

2. 二进制（Binary）

计算机中的数是用二进制数表示的，它的特点是逢二进一，因此在二进制中，只有 0 和 1 两个数字符号。

（1）特点

- 基数为 2，数值部分用两个不同的数字符号 0、1 来表示。
- 逢二进一。

（2）二进制数转换为十进制数

通过按权展开相加即可。

例如：$1101.11B = 1 \times 2^3 + 1 \times 2^2 + 0 \times 2^1 + 1 \times 2^0 + 1 \times 2^{-1} + 1 \times 2^{-2}$

$$= 8 + 4 + 0 + 1 + 0.5 + 0.25$$

$$= 13.75$$

3. 十六进制（Hexadecimal）

（1）特点

- 基数是 16，它有 16 个数字符号，除了十进制中的十个数外，还使用了六个英文字母：0、1、2、3、4、5、6、7、8、9、A、B、C、D、E、F。其中 A ～ F 分别代表十进制数的 10 ～ 15。
- 逢十六进一。

（2）二进制数与十六进制数间的转换

因为 $16^1 = 2^4$，所以一位十六进制数相当于四位二进制数，因此，可使用每四位分一组的方法。

例如：2A4EH ＝ 10101001001110B

10.4H ＝ 10000.01B

1101011.0011B ＝ 6B.3H

1.3.3 数制转换

1. 二、十进制的转换

将一个十进制整数转换为二进制数可使用除 2 取余数法，即：将要转换的十进制整数除以 2，取余数；再用商除以 2，再取余数，直到商等于 0 为止，将每次得到的余数按倒序的方法排列起来即为结果。例如：

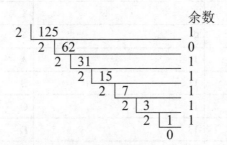

把余数倒排可得到 125 的二进制数为 1111101B。

同样，将一个二进制整数表示成十进制数，需要用到按权展开法，例如：

$1111101B = 1×2^6 + 1×2^5 + 1×2^4 + 1×2^3 + 1×2^2 + 0×2^1 + 1×2^0 = 125$

2. 十、十六、二进制的转换

可以看到，一个很小的十进制的三位数表示成二进制时就已经是七位数了，而且由于二进制只有 1 和 0 两个数字，因此看起来非常累，也很容易弄混。为了方便阅读和记忆，在编写程序或者使用数字时，我们更多使用的是十六进制。

从十进制向十六进制转换，也可以采用取余数的方法，例如：

```
            余数
16 | 125    13
16 | 7      7
    0
```

也就是 125 ＝ 7DH。

反过来，十六进制向十进制转换，也需要用到按权展开式法，例如：

$7DH = 7×16^1 + 13×16^0 = 125$

事实上，从二进制向十六进制转换会更简单一些。我们从小数点开始分别向左向右把二进制数每四个分成一组，然后再把每一组二进制数对应的十六进制数写出来，就得到对应的十六进制数，例如：

01111101B ＝ 0111 1101B ＝ 7 D ＝ 7DH

不同数制之间的对应关系如表 1-1 所示。

表 1-1　二、十、十六进制转换表

二进制	十进制	十六进制
0	0	0
1	1	1
10	2	2
11	3	3
100	4	4
101	5	5
110	6	6
111	7	7
1000	8	8
1001	9	9
1010	10	A
1011	11	B
1100	12	C
1101	13	D
1110	14	E
1111	15	F
10000	16	10

1.3.4　二进制的优点

在数字计算机的发展历程中，一个重大的设计进步是引入了二进制作为内部的数字系统。这种方法避免了那些基于其他数制的计算机中必须的、复杂的进位机制，简化了算术功能和逻辑运算的设计实现。同时，采用二进制可以充分发挥电子器件的工作特点，使结构紧凑且更通用化。

1. 二进制容易实现

计算机是由电子元器件构成的，而二进制在电气、电子元器件中最易实现。二进制只有两个数字，用两种稳定的物理状态即可表达，而且稳定可靠，如磁化与未磁化、晶体管的截止与导通（表现为电平的高与低）等。若采用十进制，则需十种稳定的物理状态来分别表示十个数字，具有这种性能的元器件很难找到。即使有，其运算与控制的实现也极复杂。

2. 二进制的运算规则简单

加法是最基本的运算，乘法是连加，减法是加法的逆运算，除法是乘法的逆运算。

其他任何复杂的数值计算也都可以分解为基本算术运算进行。为了提高运算效率，在计算机中除采用加法器外，也可直接使用乘法器。

众所周知，十进制的加法和乘法运算规则的口诀各有 100 条，根据交换率去掉重复项，也各有 55 条。用计算机的电路实现这么多运算规则是很复杂的。

相比之下，二进制的算术运算规则非常简单，加法、乘法各四条。

$0+0=0 \quad 0×0=0$

$0+1=1 \quad 0×1=0$

$1+0=1 \quad 1×0=0$

$1+1=0 \quad 1×1=1$

根据交换率去掉重复项，实际各三条，用计算机的脉冲数字电路很容易实现。

3. 用二进制容易实现逻辑运算

计算机不仅要具备数值计算功能，还要具备逻辑运算功能，二进制的 0、1 分别可用来表示假（false）和真（true），用布尔代数的运算法则很容易实现逻辑运算。

二进制的主要缺点是表示同样大小的数值时，其位数比十进制或其他数制多很多，难写难记，因而在日常生活和工作中是不便使用的。但这个缺点对计算机而言并不构成困难。在计算机中，每个存储记忆元件（如由晶体管组成的触发器）可以代表一位数字，"记忆"是它们本身的属性，不存在"记不住"或"忘记"的问题。至于位数多的问题，只要多排列一些记忆元件就解决了，鉴于集成电路芯片上元件的集成度极高，因此在体积上不存在问题。对于电子元器件，0 和 1 两种状态的转换速度极快，因而运算速度很高。

1.4　IP 地址

1.4.1　IP 地址的定义及分类

1. IP 地址的格式

互联网上连接的网络设备和计算机都有唯一的地址，以此作为该主机在 Internet 上的唯一标识，称为 IP 地址。如同我们写一封信，要标明信件的发信人地址和收信人地址，以便邮政人员通过该地址来投递信件一样，在计算机网络中，每个被传输的数据包也要包括一个源 IP 地址和一个目的 IP 地址。

IP 地址由 32 位二进制数组成，如某台连接在互联网上的计算机的 IP 地址如下所示。

11010010.01001001.10001100.00000110

很显然，这些数字不太容易记忆且可读性较差。因此，人们就将组成计算机 IP 地址的 32 位二进制数分成四段，每段八位，中间用圆点隔开，然后将每八位二进制数转换成一位十进制数（这种形式叫作点分十进制）。这样，上述计算机的 IP 地址就变成了 210.73.140.6。

2．IP 地址的分类

IP 地址由两部分组成：网络部分（netID）和主机部分（hostID）。网络部分用于标识不同的网络，主机部分用于标识一个网络中特定的主机。IP 地址的网络部分由 IANA（Internet Assigned Numbers Authority，Internet 地址分配机构）统一分配，以保证 IP 地址的唯一性。为了便于分配和管理，IANA 将 IP 地址分为 A、B、C、D、E 五类，根据 IP 地址二进制表示方法前几个比特位，可以判断 IP 地址属于哪类，如图 1.9 所示。目前在 Internet 上使用最多的 IP 地址是 A、B、C 这三类，IANA 根据机构或组织的具体需求为其分配 A、B、C 类网络地址。具体主机的 IP 地址由得到某一网络地址的机构或组织自行决定如何分配。

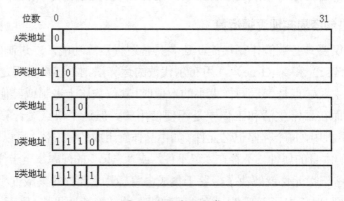

图 1.9　IP 地址分类

每个类别的 IP 地址的网络部分和主机部分都有相应的规则，如图 1.10 所示是 A、B、C 类地址的网络部分和主机部分，D 类和 E 类地址不划分网络部分和主机部分。

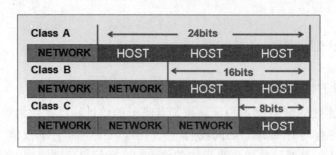

图 1.10　网络部分和主机部分

（1）A 类地址

在 A 类地址中，规定第 1 个八位组为网络部分，其余三个八位组为主机部分，即 A 类地址＝网络部分＋主机部分＋主机部分＋主机部分。

IP 地址的前几个比特位称为引导位，对 A 类地址来说，它的第 1 个八位组的第 1 个比特位是 0。因此它的第 1 个八位组的范围就是 00000000 ～ 01111111，换算成十进制就是 0 ～ 127，其中 127 又是一个比较特殊的地址，我们通常用于本机测试的地址就是 127.0.0.1。

　　由于 A 类地址的第一个地址块（网络号为 0）和最后一个地址块（网络号为 127）保留使用，即全 0 表示本地网络，全 1 表示留作诊断用。因此 A 类地址的有效网络范围为 1 ~ 126，故全世界只有 126 个 A 类网络，每个 A 类网络可以拥有的主机数就是后面 24 个比特位的组合，为 2^{24} 个。但主机部分也不能全为 0 或全为 1，全为 0 代表的是网络 ID，全为 1 代表的是本网络的广播地址，因此每个 A 类网络拥有的最大可用主机数为 $2^{24}-2$（公式为 $2^{n}-2$，n 为 IP 地址中主机部分的比特数）。A 类地址适宜在大型网络中使用。

> 📢 **注意**
>
> 　　127.0.0.1 又称为本机环回地址，通常通过在本机上 ping 此地址来检查 TCP/IP 协议安装得正确与否。而且凡是以 127 开头的 IP 地址都代表本机（广播地址 127.255.255.255 除外）。

　　（2）B 类地址

　　在 B 类地址中，规定前两个八位组为网络部分，后两个八位组为主机部分，即 B 类地址＝网络部分＋网络部分＋主机部分＋主机部分。

　　B 类地址中作为引导位的前两个比特位必须是 10，因此它的网络部分的范围就是 10000000.00000000 ~ 10111111.11111111，其中第 1 个八位组换算成十进制就是 128 ~ 191。B 类地址的有效网络范围是网络部分中后 14 个比特位的组合，为 2^{14} 个。每个 B 类地址拥有的最大可用主机数为 $2^{16}-2$。B 类地址适宜在中等规模的网络中使用。

　　（3）C 类地址

　　在 C 类地址中，规定前三个八位组为网络部分，最后一个八位组为主机部分，即 C 类地址＝网络部分＋网络部分＋网络部分＋主机部分。

　　C 类地址中作为引导位的前三个比特位必须是 110，因此它的网络部分的范围就是 11000000. 00000000.00000000 ~ 11011111.11111111.11111111，其中第 1 个八位组换算成十进制就是 192 ~ 223。C 类地址的有效网络范围是网络部分中后 21 个比特位的组合，为 2^{21} 个，每个 C 类地址拥有的最大可用主机数为 $2^{8}-2$。C 类地址适宜在主机数量比较少的中小型网络中使用。

> 📢 **注意**
>
> 　　D 类地址是用于组播通信的地址，E 类地址是用于科学研究的保留地址，它们都不能在互联网上作为节点地址使用，要了解其详细信息请查阅相关资料。

3. Internet 上的合法 IP 地址

　　目前在 Internet 上只使用 A、B、C 这三类地址，而且为了满足企业用户在 Intranet

上的使用需求，从 A、B、C 三类地址中分别划出一部分地址供企业内部网络使用，这部分地址称为私有地址，私有地址是不能在 Internet 上使用的。私有地址包括以下三组。

- 10.0.0.0 ～ 10.255.255.255
- 172.16.0.0 ～ 172.31.255.255
- 192.168.0.0 ～ 192.168.255.255

1.4.2 子网掩码

前面学习了 IP 地址及其分类，下面来看一个与 IP 地址密切相关的概念——子网掩码。在网络中，不同主机之间通信的情况可以分为如下两种：

- 同一网段中两台主机之间相互通信。
- 不同网段中两台主机之间相互通信。

注意

具有相同网络地址的 IP 地址称为同一个网段的 IP 地址。

如果是同一网段内两台主机通信，则主机将数据直接发送给另一台主机；如果不是同一网段内的两台主机通信，则主机将数据送给网关，由网关再进行转发。

为了区分这两种情况，进行通信的计算机需要获取远程主机 IP 地址的网络部分以做出判断。

- 如果源主机的网络地址 = 目标主机的网络地址，则为相同网段主机之间的通信。
- 如果源主机的网络地址 ≠ 目标主机的网络地址，则为不同网段主机之间的通信。

因此对一台计算机来说，关键问题就是如何获取远程主机 IP 地址的网络地址信息，这就需要借助子网掩码（Netmask）。

下面介绍子网掩码的组成。与 IP 地址一样，子网掩码也是由 32 个二进制位组成，对应 IP 地址的网络部分用 1 表示，对应 IP 地址的主机部分用 0 表示，通常也是用由四个点分开的十进制数表示。当为 IP 网络中的节点分配 IP 地址时，也要一并给出每个节点所使用的子网掩码。对 A、B、C 三类地址来说，通常情况下都使用默认子网掩码。

- A 类地址的默认子网掩码是 255.0.0.0。
- B 类地址的默认子网掩码是 255.255.0.0。
- C 类地址的默认子网掩码是 255.255.255.0。

有了子网掩码后，只要把 IP 地址和子网掩码作逻辑"与"运算，所得的结果就是 IP 地址的网络地址。

例如：给出 IP 地址 192.168.1.189，子网掩码 255.255.255.0，将 IP 地址和子网掩码进行"与"运算就可以计算出 IP 地址的网络 ID。运算过程如下所述。

11000000.10101000.00000001.10111101　　　　　IP 地址

与　11111111.11111111.11111111.00000000　　　　子网掩码
　　11000000.10101000.00000001.00000000　　　　二进制
　　192 . 168 . 1 . 0　　　　　　　　　　　　　十进制

计算出网络 ID 就可以判断不同的 IP 地址是否位于同一个网段了。

使用点分十进制的形式表示掩码，书写起来比较麻烦，为了书写简便，经常使用位计数形式来表示掩码。位计数形式是在地址后加"/"，"/"后面是网络部分的位数，即二进制掩码中"1"的个数。例如：IP 地址 192.168.1.100，掩码 255.255.255.0，可以表示成 192.168.1.100/24。

本章总结

- 计算机网络协议可以理解为"规则"，而标准可以理解为"一致同意的规则"。
- IEEE 802 标准定义了网卡如何访问传输介质（如目前较为常见的双绞线、光纤、无线等），以及在这些介质上传输数据的方法等。
- 常见的网络通信设备有交换路由设备、网络安全设备、无线网络设备等。它们根据自身的功能特性分工协作，就像信息高速公路上的路标，为数据传输指明正确的方向。
- 网络拓扑结构有星型拓扑、总线型拓扑、环型拓扑、网型拓扑等，目前最为常用的是星型拓扑和网型拓扑。
- 计算机中常用的数制有十进制、二进制和十六进制，它们之间可以互相转换。
- IP 地址由两部分组成：网络部分（netID）和主机部分（hostID）。为了便于分配和管理，IANA 将 IP 地址分为 A、B、C、D、E 五类。
- 有了子网掩码后，只要把 IP 地址和子网掩码作逻辑"与"运算，所得的结果就是 IP 地址的网络地址。

本章作业

1. 简述常见网络设备及其在网络中实现的功能。
2. 将二进制数字金字塔中每个数转换为十进制数，并想想是否存在什么规律？

10	1
100	11
1000	111
10000	1111
100000	11111
1000000	111111
10000000	1111111

3．简述 IP 地址的分类及子网掩码的作用。

4．主机 A 与主机 B 之间使用交叉网线连接，主机 A 的地址配置为 192.168.2.15/24，主机 B 的地址配置为 192.168.2.16/16，它们之间能正常通信吗？如果主机 A 的地址是 192.168.2.15/24，主机 B 的地址为 192.168.3.16/16，则它们之间能通信吗？

5．用课工场 APP 扫一扫，完成在线测试，快来挑战吧！

第2章

计算机网络参考模型

技能目标

- 掌握 OSI 和 TCP/IP 分层模型的结构
- 理解 OSI 各层功能
- 掌握数据传输过程
- 理解 TCP 和 UDP 协议

本章导读

本章将学习网络参考模型，它是理解网络这个全新世界的关键所在。本章的主要内容有三部分：各层的名称、功能，数据在各层之间的传输过程，TCP/IP 协议簇。TCP/IP 协议簇的传输层有两个重要的协议：TCP 协议和 UDP 协议，本章将详细介绍它们的首部格式、TCP 连接建立与终止的过程。

知识服务

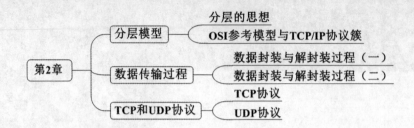

2.1 分层模型

我们对现实世界的认识往往只是冰山一角，大部分的"真相"都掩藏在海平面以下，网络世界更是如此。平时在家里访问各种网页或者聊 QQ 时，我们的操作无外乎点击图标，打几个字而已，但对于计算机和网络中转设备来说，却是一个相当复杂的过程。就好像邮寄一份礼物给远方的朋友，我们需要做的只是将这份礼物交给邮局并写明正确的地址，如果不出意外，这位朋友将会顺利收到，但是这份礼物在中间经历了哪些复杂的过程，传递礼物的双方就不得而知了。对于网络的最终用户，了解到这个层次已经足够了，但如果想成为一名网络技术人员，就必须对这个过程了如指掌，这样才能分析排查网络的常见故障。

2.1.1 分层的思想

下面将开始研究网络传输的真正过程，这个过程非常复杂，因此应首先建立分层模型的概念。分层模型是一种用于开发网络协议的设计方法。而分层思想本质上讲就是把节点间通信这个复杂问题分成若干相对简单的问题逐一解决每个问题对应一层。每一层实现一定的功能，相互协作即可实现数据通信这个复杂任务。

让我们试想一下，早上时间比较紧张的时候，冲一杯牛奶是一种不错的早餐方案。作为最终用户，我们并没有感受到喝一杯奶有多难，因为我们只是把奶粉从超市买回家，用水冲开而已。但奶粉的生产者面临一系列复杂的问题，如何选择物美价廉的奶源，如何将牛奶运送到奶粉厂且保证牛奶不变质，如何安排奶粉的整个生产工艺（包括检验），如何包装才能更吸引客户，如何与各大超市洽谈，如何与物流公司沟通，等等。作为一名奶粉厂的管理者，应该如何应对这么复杂的事情呢？最好的方法就是用分层的思想，将整个生产销售流程分成几个不同的管理模块，每个模块由专门的负责人管理协调。于是奶粉厂就会出现各个部门：原料采购部、奶源加工车间、奶粉生产车间、奶粉包装车间、销售部门等。如图 2.1 所示。

这样奶粉加工生产的整个过程就变得很清晰了，更重要的是，如果出现各种问题，如奶粉质量问题等，管理者可以很快确定问题的原因，从而针对性地解决问题。这些部门有着各自相对独立的职责，彼此又是相关联的，处于流程前端的部门为后续部门服务，后续部门也需要在前端部门的基础上实现其功能。例如，原料采购部门为奶源加工车间服务，因为只有优质的奶源才能保证加工的半成品的质量，奶源加工车间的工作又是在原料采购部的基础上完成的。一旦在最后的成品中发现细菌超标，可以很容易确定是奶源加工车间出了问题。

部门	职责
原料采购部	选购优质奶源，与农场签订合同，保质保量运输奶源
奶源加工车间	原料验收，杀菌处理，储藏
奶粉生产车间	浓缩、喷雾干燥、冷却筛粉
奶粉包装车间	奶粉包装、奶粉装箱，质检
销售部门	联系各大销售渠道，联系物流运输

图 2.1 奶粉厂生产流程

现在让我们从现实世界回到网络世界，网络节点间通信也体现了这种思想。赋予每一层一定的功能，相邻层之间通过接口来通信，下层为上层提供服务。一旦网络发生故障，很容易确定问题是由哪一层的功能没有实现而导致的，将故障产生的原因聚焦于一点，有助于更加清晰明了地分析问题、解决问题。另外，对于还处于学习阶段的我们，将网络最终的通信目标分解成各个子层的目标，然后逐一研究每一层的功能是如何实现的，这种思想有助于将复杂问题简单化、清晰化。

2.1.2 OSI 参考模型与 TCP/IP 协议簇

1. OSI 参考模型

由之前的例子，应该可以理解分层模型对于网络管理而言就像是企业组织架构对于企业管理一样具有至关重要的地位。由于各个计算机厂商都采用私有的网络模型，因此给通信带来诸多麻烦，国际标准化组织（International Standard Organization，ISO）于 1984 年颁布了开放系统互联（Open System Interconnection，OSI）参考模型。OSI 参考模型是一个开放式体系结构，它规定将网络分为七层，从下往上依次是物理层、数据链路层、网络层、传输层、会话层、表示层和应用层，如图 2.2 所示。

分层	功能
应用层	网络服务与最终用户的一个接口
表示层	数据的表示、安全、压缩
会话层	建立、管理、中止会话
传输层	定义传输数据的协议端口号，以及流量控制和差错校验
网络层	进行逻辑地址寻址，实现不同网络之间的路径选择
数据链路层	建立逻辑连接、进行硬件地址寻址、差错校验等功能
物理层	建立、维护、断开物理连接

图 2.2 OSI 七层模型

（1）物理层

物理层（Physical Layer）的主要功能是完成相邻节点之间原始比特流的传输。

物理层协议关心的典型问题是使用什么样的物理信号来表示数据 1 和 0，一位数据持续的时间有多长，数据传输是否可以同时在两个方向上进行，最初的连接如何建立以及完成通信后连接如何终止，物理接口（插头和插座）有多少针以及各针的用处。物理层的设计主要涉及物理层接口的机械、电气、功能和过程特性，以及物理层接口连接的传输介质等问题。物理层的设计还涉及通信工程领域内的一些问题。

（2）数据链路层

数据链路层（Data Link Layer）负责将上层数据封装成固定格式的帧，在数据帧内封装发送端和接收端的数据链路层地址（在以太网中为 MAC 地址，MAC 地址是用来标识网卡的物理地址；在广域网中点到多点的连接情况下，可以是一个链路的标识），并且为了防止在数据传输过程中产生误码，要在帧尾部加上校验信息，发现数据错误时，可以重传数据帧。

（3）网络层

网络层（Network Layer）的主要功能是实现数据从源端到目的端的传输。在网络层，使用逻辑地址来标识一个点，将上层数据封装成数据包，在数据包的头部封装源和目的端的逻辑地址。网络层根据数据包头部的逻辑地址选择最佳的路径，将数据送达目的端。

（4）传输层

传输层（Transport Layer）的主要功能是实现网络中不同主机上用户进程之间的数据通信。

网络层和数据链路层负责将数据送达目的端主机，而这个数据需要什么用户进程去处理，就需要传输层帮忙了。

例如，用 QQ 发送消息，网络层和数据链路层负责将消息转发到接收人的主机，而接收人应该用 QQ 程序来接收还是用 IE 浏览器来接收，就是在传输层进行标识。

传输层要决定对会话层用户（最终的网络用户）提供什么样的服务。因此，我们经常把 1 ～ 3 层的协议称为点到点的协议，而把 4 ～ 7 层的协议叫作端到端的协议。

由于绝大多数主机都支持多进程操作，机器上会同时有多个程序访问网络，这就意味着将有多条连接进出这台主机，需要以某种方式区别报文属于哪条连接。识别这些连接的信息可以放在传输层的报文头中。除了将几个报文流多路复用到一条通道上，传输层还必须管理跨网连接的建立与拆除。这就需要某种命名机制，使机器内的进程能够说明其希望交谈的对象。

（5）会话层

会话层（Session Layer）允许不同机器上的用户之间建立会话关系。会话层允许进行类似传输层的普通数据的传送，在某些场合还提供了一些有用的增强型服务；也允许用户利用一次会话在远端的分时系统上登录，或者在两台机器间传递文件。

会话层提供的服务之一是进行会话控制。会话层允许信息同时双向传输，或任意一个时刻只能单向传输。如果属于后者，则类似于物理信道上的半双工模式，会话层将记录此时该轮到哪一方。一种与对话控制有关的服务是令牌管理（Token Management）。有些协议会保证双方不能同时进行同样的操作，这一点很重要。为管理这些活动，会话层提供了令牌，令牌可以在会话双方之间移动，只有持有令牌的一方可以执行某种关键性操作。另一种会话层服务是提供同步。如果在平均每小时出现一次大故障的网络上，两台机器间要进行一次两小时的文件传输，那么在每一次传输中途失败后，都不得不重新传送这个文件。为解决这个问题，会话层提供了一种方法，即在数据中插入同步点。当每次网络出现故障后，仅需重传最后一个同步点以后的数据。

（6）表示层

表示层（Presentation Layer）用于完成某些特定功能，对这些功能人们常常希望找到普遍的解决方法，而不必由每个用户自己来实现。值得一提的是，表示层以下各层只关心从源端机到目标机可靠地传送比特，而表示层关心的是所传送信息的语法和语义。表示层服务的一个典型例子是用大家一致选定的一种标准方法对数据进行编码。大多数用户程序之间并非交换随机比特，而是交换诸如人名、日期、货币数量和发票之类的信息。这些对象是采用字符串、整型数、浮点数的形式，以及由几种简单类型组成的数据结构来表示的。

在网络上，计算机可能采用不同的数据表示法，所以在数据传输时需要进行数据格式转换。例如，在不同的机器上常用不同的代码来表示字符串（ASCII 和 EBCDIC）、整型数（二进制反码或补码）以及机器字的不同字节顺序等。为了让采用不同数据表示法的计算机之间能够相互通信并交换数据，我们在通信过程中使用抽象的数据结构（如抽象语法表示 ASN.1）来表示所传送的数据，而在机器内部仍然采用各自的标准编码。管理这些抽象数据结构，并在发送方将机器的内部编码转换为适合网上传输的传送语法以及在接收方做相反的转换等工作都是由表示层来完成的。另外，表示层还涉及数据压缩和解压、数据加密和解密等工作。

（7）应用层

应用层（Application Layer）包含大量人们普遍需要的协议。显然，对于需要通信的不同应用来说，应用层的协议都是必需的。例如，PC 用户操作仿真终端软件通过网络使用远程主机的资源。这个仿真终端软件使用虚拟终端协议，将键盘输入的数据传送到主机的操作系统并接收显示于屏幕的数据。又如，当用户想要获得远程计算机上的一个文件副本时，他要向本机的文件传输软件发出请求，这个软件与远程计算机上的文件传输进程通过文件传输协议进行通信，协议主要处理文件名、用户许可状态和其他请求细节的通信。远程计算机上的文件传输进程则使用其他进程则来传输文件内容。

由于每个应用有不同的要求，因此应用层的协议集在 OSI 模型中并没有定义。但是，有些确定的应用层协议，包括虚拟终端、文件传输和电子邮件等都可作为标准化的候选。

2. TCP/IP 参考模型

另外一个著名的模型是 TCP/IP 模型。TCP/IP 是传输控制协议 / 网络互联协议（Transmission Control Protocol/Internet Protocol）的简称。早期的 TCP/IP 模型是一个四层结构，从下往上依次是网络接口层、互联网层、传输层和应用层。在后来的使用过程中，借鉴 OSI 的七层参考模型，又将网络接口层划分为物理层和数据链路层，形成了一个新的五层结构。TCP/IP 是一系列协议的集合，所以严格的称呼应该是 TCP/IP 协议簇。

TCP/IP 协议簇的前四层与 OSI 参考模型的前四层相对应，其功能也非常类似，而应用层则与 OSI 参考模型的最高三层相对应，如图 2.3 所示。

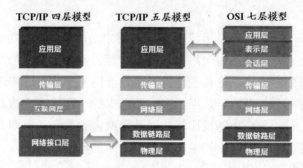

图 2.3　OSI 参考模型与 TCP/IP 协议簇

值得注意的是，OSI 参考模型没有考虑任何一组特定的协议，因此 OSI 更具通用性；而 TCP/IP 参考模型与 TCP/IP 协议簇吻合得很好，虽然该模型不适用于其他任何协议栈，但如今的网络多以 TCP/IP 协议簇作为基础，在分层设计上没有过多考虑协议的 OSI 分层理念，故 OSI 模型没有广泛地应用于实际工作中。相反，人们更多地应用 TCP/IP 分层模型在实际工作中分析问题、解决问题。

TCP/IP 五层模型应用得更广泛，本书及以后的内容在讨论问题时一律采用五层模型。下面是该模型对应的一些常见协议，如图 2.4 所示。

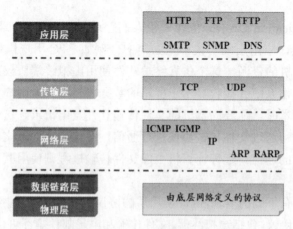

图 2.4　TCP/IP 五层模型常见协议

（1）物理层和数据链路层

在物理层和数据链路层，TCP/IP 并没有定义任何特定的协议。它支持所有标准的和专用的协议，网络可以是局域网（如广泛使用的以太网）、城域网或广域网。所以，TCP/IP 实际上只有三个层次。

（2）网络层

在网络层，TCP/IP 定义了网络互联协议（Internet Protocol，IP），而 IP 又由四个支撑协议组成：ARP（地址解析协议）、RARP（逆地址解析协议）、ICMP（网际控制报文协议）和 IGMP（网际组管理协议）。

（3）传输层

传统上，TCP/IP 有两个传输层协议：TCP（传输控制协议）和 UDP（用户数据报协议）。TCP 协议传输更加稳定可靠，UDP 协议传输效率更高。

（4）应用层

在应用层，TCP/IP 定义了许多协议，如 HTTP（超文本传输协议）、FTP（文件传输协议）、SMTP（简单邮件传输协议）、DNS（域名系统）等。

上述这些协议将在后续课程中具体讲解，这里只要明确协议与各层的对应关系即可。当我们研究具体协议的应用时，结合该协议所在层功能来理解和分析问题将事半功倍。

2.2 数据传输过程

2.2.1 数据封装与解封装过程（一）

下面我们将以 TCP/IP 五层结构为基础来学习数据在网络中传输的"真相"。由于这个过程比较抽象，我们可以类比给远在美国的朋友邮寄圣诞节礼物的过程。

如图 2.5 所示，当给朋友写一封信时，一定会遵照一个约定俗成的信件格式去写信。例如，在开头写对收信人的称呼，接下来是问候语"你好"等，中间是信的内容，最后落款写自己的姓名、日期等。那么，这个信件格式以及通信采用的语言实际上就是和朋友之间的协议，只有遵照这个协议，对方才能读懂信件。

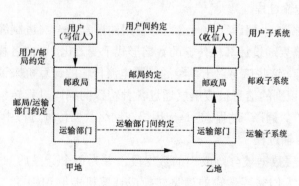

图 2.5 邮政系统分层模型

写好了信，要将信装在信封中。在信封上，要书写收信人的地址和姓名等。再将信交给邮局。

邮局根据收信人的地址，将信件再次封装成大的包裹，通过运输部门发往目的城市。运输部门会将信件的包裹送达目的地的邮局。目的地的邮局会将信件送达收信人手中。

在这个寄信的例子中，一封信的传输需要经过三个层次，首先发信和收信的双方是这个过程中的最高层，位于下层的邮局和运输部门都是为了最高层之间的通信服务。寄信人与收信人之间要有一个协议，这个协议保证收信人能读懂寄信人的信件。两地的邮局和运输部门之间也有约定，如包裹的大小、地址的书写方式、运输到站的时间等。

邮局是寄信人和收信人的下一层，为上一层提供服务，邮局为寄信人提供服务时，邮筒就是两个层之间的"接口"。

1. 数据封装过程

正如前一节内容所讲，在计算机网络中层次的划分要比上述的例子细致，每一层实现的功能也更为复杂。为了能够更明确地说明此过程，我们将以两台主机的通信为实例进行分析讲解，如图 2.6 所示。

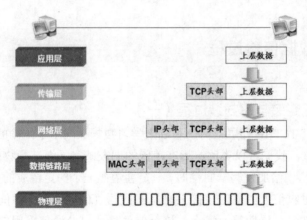

图 2.6　数据封装过程

（1）应用层传输过程

在应用层，数据被"翻译"为网络世界使用的语言——二进制编码数据。大家可以试想一下，人们需要通过计算机传输的数据形式千变万化、各式各样，有字母、数字、汉字、图片、声音等。这些信息对于单纯通过弱电流传输的计算机来说太过于"复杂"，因此这些方便人类识别的信息被应用层通过各种特殊的编码过程转换成二进制数据。这就是上面所描述的"翻译"过程，也是应用层在网络数据传输过程中最为核心的贡献。

（2）传输层传输过程

在传输层，上层数据被分割成小的数据段，并为每个分段后的数据封装 TCP 报文头部。应用层将人们需要传输的信息转换成计算机能够识别的二进制数据后，这些数据往往都是海量的。例如，一张高清晰的图片转换成二进制数据可能会有几百万甚至几千万位比特，一次性传输如此庞大的数据，一旦网络出现问题而导致数据出错就要重新传输，数据量过大也会增加出错的概率，最终可能导致网络资源耗尽。因此，将数据先分割成小段再逐段传输，一旦数据传输出现错误只需重传这一小段数据即可。

在 TCP 头部有一个关键的字段信息——端口号，它用于标识上层的协议或应用程序，确保上层应用数据的正常通信。计算机是可以多进程并发运行的，如图 2.6 中的例子，左边的计算机在通过 QQ 发送信息的同时也可以通过 IE 浏览右边主机的 Web 页面，对于右边的主机就必须搞清左边主机发送的数据要对哪个应用程序实施通信。但是对于传输层而言，它是不可能"看懂"应用层传输数据的具体内容的，因此只能借助一种标识来确定接收到的数据对应的应用程序，这种标识就是端口号。

（3）网络层传输过程

在网络层，上层数据被封装上新的报文头部——IP 头部。值得注意的是，这里所说的上层数据包括 TCP 头部，也就是说，这里的上层是指传输层。对于网络层而言，它是"看不懂"TCP 包头中的内容的，无论是应用层的应用数据，还是 TCP 头部信息都属于上层数据。

在 IP 头部中有一个关键的字段信息——IP 地址，它是由一组 32 位的二进制数组成的，用于标识网络的逻辑地址。回想刚才寄信的例子，我们在信封上填写了对方的详细地址和本地的详细地址，以保证收件人能够顺利收到信件。网络层的传输过程与其类似，在 IP 头部中包含目标 IP 地址和源 IP 地址，在网络传输过程中的一些中间设备，如路由器，会根据目标 IP 地址来进行逻辑寻址，找到正确的路径将数据转发到目的端主机。如果中间的路由设备发现目标的 IP 地址是不可能到达的，它将会把该消息传回发送端主机，因此在网络层需要同时封装目标 IP 和源 IP。

（4）数据链路层传输过程

在数据链路层，上层数据被封装一个 MAC 头部，其内部有一个关键的字段信息——MAC 地址，它由一组 48 位的二进制数组成。在目前阶段，我们可以先把它理解为固化在硬件设备中的物理地址，具有全球唯一性。例如，之前讲解的网卡就有属于自己的唯一的 MAC 地址。和 IP 头部类似，在 MAC 头部也同时封装着目标 MAC 地址和源 MAC 地址。其实，二层封装还涉及尾部的封装，考虑大家目前的学习层次，不再详述，后续会讲解相关内容。

（5）物理层传输过程

无论在之前封装的报文头部还是上层的数据信息都是由二进制数组成的，在物理层，将这些二进制数字组成的比特流转换成电信号在网络中传输。

2. 数据解封装过程

数据被封装完毕通过网络传输到接收方后，将进入数据的解封装过程，这将是封装过程的一个逆过程，如图 2.7 所示。

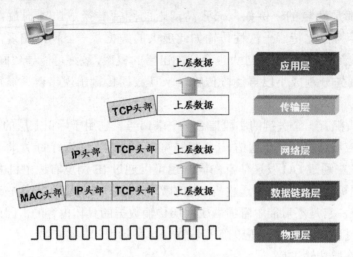

图 2.7 数据解封装过程

在物理层，首先将电信号转换成二进制数据，并将数据送至数据链路层。在数据链路层，将查看目标 MAC 地址，判断其是否与自己的 MAC 地址吻合，并据此完成后续处理。如果数据报文的目标 MAC 地址就是自己的 MAC 地址，数据的 MAC 头部将被"拆掉"，并将剩余的数据送至上一层；如果目标 MAC 地址不是自己的 MAC 地址，对于终端设备来说，它将会丢弃数据。网络层与数据链路层类似，目标 IP 地址将被核实是否与自己的 IP 地址相同，从而确定是否送至上一层。到了传输层，首先要根据 TCP 头部判断数据段送往哪个应用层协议或应用程序，然后将之前被分组的数据段重组，再送往应用层；在应用层，这些二进制数据将经历复杂的解码过程，以还原成发送者所传输的最原始的信息。

3. 数据传输的一些基本概念

（1）PDU

对于 OSI 参考模型而言，每一层都是通过协议数据单元来进行通信的；而对于 TCP/IP 五层结构，也可以沿用这个概念。PDU（Protocol Data Unit，协议数据单元）是指同层之间传递的数据单位。例如：TCP/IP 五层结构体系中，上层数据被封装了 TCP 头部后，这个单元称为段（Segment）；数据段向下传到网络层，被封装了 IP 头部后，这个单元称为包（Packet）；数据包继续向下传送到数据链路层，被封装了 MAC 头部后，这个单元称为帧（Frame）；最后帧传送到物理层，帧数据变成比特（Bits）流；比特流通过物理介质传送出去，如图 2.8 所示。

（2）常见硬件设备与五层模型的对应关系

常见的设备属于哪一层并没有严格的定义或者是官方的 RFC 文档说明，但是了解网络设备属于哪一层对于后续的网络硬件课程学习具有很好的指导意义。

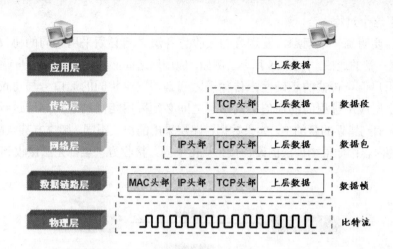

图 2.8 PDU 协议数据单元

设备属于哪一层要看这个设备主要工作在哪一层。一般来说，常用的个人计算机和服务器都属于应用层设备，因为计算机包含所有各层的功能。由器属于网络层设备，因为路由器的主要功能是网络层的逻辑寻址。传统的交换机属于数据链路层设备（这里之所以说传统，是因为如今三层、四层的交换机已经非常普遍了），因为交换机的主要功能是基于 MAC 地址的二层数据帧交换。网卡一般意义上定义在物理层，虽然目前有些高端的网卡甚至涵盖防火墙的功能，但其最主要、最基本的功能仍是物理层通信。还有就是硬件防火墙，从理论上讲，属于传输层设备，因为它主要基于传输层端口号来过滤上层应用数据的传输，但是需求永远是网络行业发展的源动力，如今的防火墙更注重整体解决方案的实现。对于病毒、木马、垃圾邮件的过滤已经成为防火墙的附属功能，而且在企业中也已经广泛应用，因此，很多人愿意将防火墙归属于应用层。如表 2-1 所示为网络中各层典型的硬件设备。

表 2-1 网络中各层典型的硬件设备

层名称	应用层	传输层	网络层	数据链路层	物理层
典型设备	计算机	防火墙	路由器	交换机	网卡

2.2.2 数据封装与解封装过程（二）

如果网络世界只有终端设备，那将不能称之为网络。正因为有很多中转设备才形成了复杂的 Internet，只不过作为网络用户的我们没有机会感知它们的存在，这都是传输层的"功劳"。由于传输层通过端口号辅助上层建立最终用户间的端到端会话，因此对于最终用户而言，数据的真实传输过程都被隐藏起来。例如，通过 QQ 软件即时通信时，用户感觉好像在和对方面对面沟通，全然不知自己说的内容经过了多少交换机和路由器才到达对方那里，但这些过程是真实存在的。下面我们就结合封装过程具体介绍一下这个过程。

首先需要明确一个问题，发送方与接收方各层之间必须采用相同的协议才能建立连接，实现正常的通信，如图 2.9 所示。例如，应用层之间必须采用相同的编码解码规则，才能保证用户信息传输的正确性；传输层之间必须采用相同的端口号与协议应关系，才能保证上层应用进程间的通信；网络层之间必须采用相同的逻辑寻址过程才能保证数据不会传输到错误的目的地。如果数据链路层采用的协议不同，接收方甚至都不能"理解"数据的内容；如果物理层的硬件接口规格不同，接收方甚至都无法接收到信号。

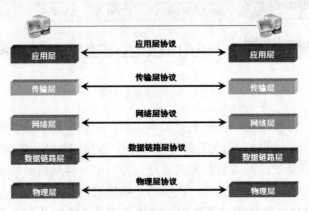

图 2.9 TCP/IP 五层模型各层间通信（一）

在实际的网络环境中，发送方和接收方往往相隔千山万水，中间会有很多的硬件设备起到中转的作用。为了说明整个过程，我们假设了一种通信结构，如图 2.10 所示。在两台通信的计算机之间增加了两台交换机和路由器，发送主机的数据将会经过这些"中间设备"才能到达接收主机。

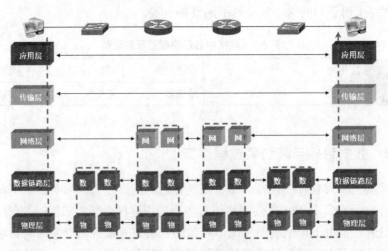

图 2.10 TCP/IP 五层模型各层间通信（二）

1）发送主机按照之前讲解的内容进行数据封装，这里不再赘述了。

2）从发送主机物理网卡发出的电信号通过网线到达交换机，交换机将电信号转换成二进制数据送往交换机的数据链路层。因为交换机属于数据链路层的设备，所以它将可以查看数据帧头部的内容，但不会进行封装和解封装过程。当交换机发现数据帧头部封装的 MAC 地址不属于自己，它不会像终端设备那样将数据帧丢弃，而是根据该 MAC 地址将数据帧智能地转发到路由器设备，在转发前要重新将二进制数据转换成物理的电信号。

3）当路由器收到数据后，会拆掉数据链路层的 MAC 头部信息，将数据送达网络层，这样 IP 头部信息就"暴露"在最外面。路由器将检测数据包头部的目标 IP 地址信息，并根据该信息进行路由转发，智能地将数据报文转发到下一跳路由器上，在转发前要重新封装新的 MAC 头部信息，并将数据转换成二进制。

4）之后的过程有点大同小异了……

从这个过程我们可以看出，数据在传输过程中不断地进行着封装和解封装的过程，中间设备属于哪一层就在哪一层对数据进行相关的处理，以实现设备的主要功能。也正因如此，我们称 TCP/IP 五层模型为"参考"模型，参考这五层模型可以帮助我们很好地研究网络中的设备以及设备工作过程中遵守的协议。

2.3　TCP 和 UDP 协议

TCP/IP 协议簇的传输层协议主要有两个：TCP（Transmission Control Protocol，传输控制协议）和 UDP（User Datagram Protocol，用户数据报协议）。

下面首先对 TCP 协议进行详细介绍，然后简单介绍 UDP 协议。

2.3.1　TCP 协议

TCP 是面向连接的、可靠的进程到进程通信的协议。TCP 提供全双工服务，即数据可在同一时间双向传输，每一个 TCP 都有发送缓存和接收缓存，用来临时存储数据。

1. TCP 报文段

TCP 将若干个字节构成一个分组，称为报文段（Segment）。TCP 报文段封装在 IP 数据报中，如图 2.11 所示。

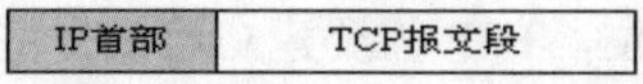

| IP首部 | TCP报文段 |

图 2.11　TCP 报文段的封装

TCP 报文段的首部格式如图 2.12 所示。

首部长度为 20 ～ 60 字节，以下是各字段的含义。

● 源端口号：它是 16 位字段，为发送方进程对应的端口号。

图 2.12 TCP 报文段的首部格式

- 目标端口号：它是 16 位字段，对应的是接收端的进程，接收端收到数据段后，根据这个端口号来确定把数据送给哪个应用程序的进程。
- 序号：当 TCP 从进程接收数据字节时，就把它们存储在发送缓存中，并对每一个字节进行编号。编号的特点如下。
  - 编号不一定从 0 开始，一般会产生一个随机数作为第 1 个字节的编号，称为初始序号（ISN），范围是 $0 \sim 2^{32}-1$。
  - TCP 每个方向的编号都是互相独立的。
  - 当字节都被编上号后，TCP 就给每个报文段指派一个序号，序号就是该报文段中第一个字节的编号。

当数据到达目的地后，接收端会按照这个序号把数据重新排列，保证数据的正确性。

- 确认号：确认号是对发送端的确认信息，用它来告诉发送端这个序号之前的数据段都已经收到，如确认号是 X，就表示前 X-1 个数据段都已经收到。
- 首部长度：用它可以确定首部数据结构的字节长度。一般情况下 TCP 首部是 20 字节，但首部长度最大可以扩展为 60 字节。
- 保留：这部分保留位作为今后扩展功能用，现在还没有使用到。
- 控制位：这六位有很重要的作用，TCP 的连接、传输和断开都受这六个控制位的指挥。各位的含义如下。
  - URG：紧急指针有效位。
  - ACK：只有当 ACK = 1 时，确认序列号字段才有效；当 ACK = 0 时，确认序列号字段无效。
  - PSH：标志位为 1 时要求接收方尽快将数据段送达应用层。
  - RST：当 RST 值为 1 时通知重新建立 TCP 连接。
  - SYN：同步序号位，TCP 需要建立连接时将这个值设为 1。
  - FIN：发送端完成发送任务位，当 TCP 完成数据传输需要断开连接时，提出断开连接的一方将这个值设为 1。
- 窗口值：说明本地可接收数据段的数目，这个值的大小是可变的，当网络通畅时将这个窗口值变大可加快传输速度，当网络不稳定时减小这个值可保证网络数据的可靠传输。TCP 协议中的流量控制机制就是依靠变化窗口值的大小实现的。

- 校验和：用来做差错控制，与 IP 的校验和不同，TCP 校验和的计算包括 TCP 首部、数据和其他填充字节。在发送 TCP 数据段时，由发送端计算校验和，当到达目的地时再进行一次校验和计算。若两次的校验和一致，则说明数据基本是正确的，否则将认为数据已被破坏，接收端将丢弃数据。
- 紧急指针：和 URG 配合使用，当 URG ＝ 1 时有效。
- 选项：在 TCP 首部可以有多达 40 字节的可选信息。

2. TCP 连接

TCP 是面向连接的协议，它在源点和终点之间建立一条虚连接。大家可能会感到奇怪，为什么使用 IP（无连接协议）服务的 TCP 却是面向连接的？关键点是 TCP 的连接是虚连接，而不是物理连接。TCP 报文段封装成 IP 数据报后，每一个 IP 数据报可以走不同的路径到达终点，因此收到的 IP 数据报可能不按顺序到达，甚至可能损坏或丢失。如果一个报文段没有按顺序到达，那么 TCP 保留它，然后等待之前的报文段到达；如果一个报文段损坏或丢失，那么 TCP 就要重传。总之，TCP 会保证报文段是有序的。

在数据通信之前，发送端与接收端要先建立连接，等数据发送结束后，双方再断开连接。TCP 连接的每一方都是由一个 IP 地址和一个端口号组成的。

（1）连接建立

TCP 建立连接的过程称为三次握手。下面通过 Sniffer 抓包来分析三次握手的过程。实验环境由两台 Windows 主机 PC1 和 PC2 组成，确保两台主机通信正常，在 PC2 上搭建 Web 站点并安装 Sniffer Pro 软件，如图 2.13 所示。

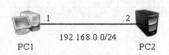

图 2.13 实验拓扑图

在 PC1 上启动 IE 浏览器访问 192.168.0.2，在 PC2 上用 Sniffer 抓到了很多数据包，只分析前三个数据包，如图 2.14 至图 2.16 所示。

- 第一次握手

PC1 使用一个随机的端口号向 PC2 的 80 端口发送建立连接的请求，此过程的典型标志就是 TCP 的 SYN 控制位为 1，其他五个控制位全为 0。

在图 2.14 中，源地址（Source Address）为 192.168.0.1，源端口号（Source Port）为 1276，目的地址（Dest Address）为 192.168.0.2，目的端口号（Destination Port）为 80，初始序列号（Initial Sequence Number）为 1552649478，标志位（Flags）中的 SYN 为 1。

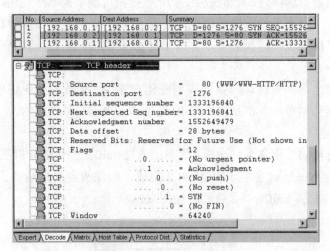

No.	Source Address	Dest Address	Summary
1	[192.168.0.1]	[192.168.0.2]	TCP: D=80 S=1276 SYN SEQ=15526
2	[192.168.0.2]	[192.168.0.1]	TCP: D=1276 S=80 SYN ACK=15526
3	[192.168.0.1]	[192.168.0.2]	TCP: D=80 S=1276 ACK=13331

```
TCP: ----- TCP header -----
TCP:
TCP: Source port             = 1276
TCP: Destination port        =    80 (WWW/WWW-HTTP/HTTP)
TCP: Initial sequence number = 1552649478
TCP: Next expected Seq number= 1552649479
TCP: Data offset             = 28 bytes
TCP: Reserved Bits: Reserved for Future Use (Not shown in
TCP: Flags                   = 02
TCP:                       ..0. .... = (No urgent pointer)
TCP:                       ...0 .... = (No acknowledgment)
TCP:                       .... 0... = (No push)
TCP:                       .... .0.. = (No reset)
TCP:                       .... ..1. = SYN
TCP:                       .... ...0 = (No FIN)
TCP: Window                  = 64240
TCP: Checksum                = 17FD (correct)
```

Expert / Decode / Matrix / Host Table / Protocol Dist. / Statistics /

图 2.14　TCP 三次握手（1）

No.	Source Address	Dest Address	Summary
1	[192.168.0.1]	[192.168.0.2]	TCP: D=80 S=1276 SYN SEQ=15526
2	[192.168.0.2]	[192.168.0.1]	TCP: D=1276 S=80 SYN ACK=15526
3	[192.168.0.1]	[192.168.0.2]	TCP: D=80 S=1276 ACK=13331

```
TCP: ----- TCP header -----
TCP:
TCP: Source port             =    80 (WWW/WWW-HTTP/HTTP)
TCP: Destination port        = 1276
TCP: Initial sequence number = 1333196840
TCP: Next expected Seq number= 1333196841
TCP: Acknowledgment number   = 1552649479
TCP: Data offset             = 28 bytes
TCP: Reserved Bits: Reserved for Future Use (Not shown in
TCP: Flags                   = 12
TCP:                       ..0. .... = (No urgent pointer)
TCP:                       ...1 .... = Acknowledgment
TCP:                       .... 0... = (No push)
TCP:                       .... .0.. = (No reset)
TCP:                       .... ..1. = SYN
TCP:                       .... ...0 = (No FIN)
TCP: Window                  = 64240
```

Expert / Decode / Matrix / Host Table / Protocol Dist. / Statistics /

图 2.15　TCP 三次握手（2）

No.	Source Address	Dest Address	Summary
1	[192.168.0.1]	[192.168.0.2]	TCP: D=80 S=1276 SYN SEQ=15526
2	[192.168.0.2]	[192.168.0.1]	TCP: D=1276 S=80 SYN ACK=15526
3	[192.168.0.1]	[192.168.0.2]	TCP: D=80 S=1276 ACK=13331

```
TCP: ----- TCP header -----
TCP:
TCP: Source port             = 1276
TCP: Destination port        =    80 (WWW/WWW-HTTP/HTTP)
TCP: Sequence number         = 1552649479
TCP: Next expected Seq number= 1552649479
TCP: Acknowledgment number   = 1333196841
TCP: Data offset             = 20 bytes
TCP: Reserved Bits: Reserved for Future Use (Not shown in
TCP: Flags                   = 10
TCP:                       ..0. .... = (No urgent pointer)
TCP:                       ...1 .... = Acknowledgment
TCP:                       .... 0... = (No push)
TCP:                       .... .0.. = (No reset)
TCP:                       .... ..0. = (No SYN)
TCP:                       .... ...0 = (No FIN)
TCP: Window                  = 64240
```

Expert / Decode / Matrix / Host Table / Protocol Dist. / Statistics /

图 2.16　TCP 三次握手（3）

● 第二次握手

这一次握手实际上是分两部分来完成的。

1）PC2 收到了 PC1 的请求，向 PC1 回复一个确认信息，此过程的典型标志就是 TCP 的 ACK 控制位为 1，其他五个控制位全为 0，而且确认序列号是 PC1 的初始序列号加 1。

2）PC2 也向 PC1 发送建立连接的请求，此过程的典型标志和第一次握手一样，即 TCP 的 SYN 控制位为 1，其他五个控制位全为 0。

为了提高效率，一般将这两部分合并在一个数据包里实现。

在图 2.15 中，源地址（Source Address）为 192.168.0.2，源端口号（Source Port）为 80，目的地址（Dest Address）为 192.168.0.1，目的端口号（Destination Port）为 1276，确认序列号（Acknowledgment Number）为 1552649479，初始序列号（Initial Sequence Number）为 1333196840，标志位（Flags）中的 SYN 为 1，ACK 为 1。

● 第三次握手

PC1 收到了 PC2 的回复（包含请求和确认），也要向 PC2 回复一个确认信息，此过程的典型标志就是 TCP 的 ACK 控制位为 1，其他五个控制位全为 0，而且确认序列号是 PC2 的初始序列号加 1。

在图 2.16 中，源地址（Source Address）为 192.168.0.1，源端口号（Source Port）为 1276，目的地址（Dest Address）为 192.168.0.2，目的端口号（Destination Port）为 80，确认序列号（Acknowledgment Number）为 1333196841，标志位（Flags）中的 ACK 为 1。

这样就完成了三次握手，在 PC1 与 PC2 之间建立了 TCP 连接。

从以上的演示中可以将 TCP 三次握手总结为如图 2.17 所示的过程，图中 Seq 表示请求序列号，Ack 表示确认序列号，SYN 和 ACK 为控制位。

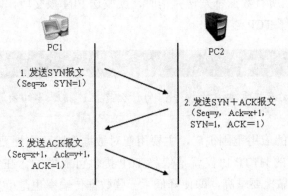

图 2.17　TCP 三次握手示意图

可以看出，SYN 控制位只有在请求建立连接时才被置为 1。

TCP 使用面向连接的通信方式，大大提高了数据传输的可靠性，使发送端和接收端在数据传输之前就有了交互，为正式数据传输打下了坚实的基础。

（2）连接终止

参加数据交换的双方中的任何一方（客户或服务器）都可以关闭连接。TCP 断开连接分四步，也称为四次握手，如图 2.18 所示。

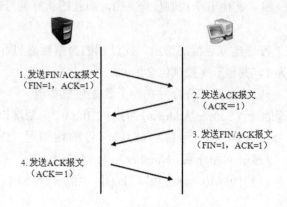

图 2.18　TCP 断开连接示意图

1）服务器向客户端发送 FIN 和 ACK 位置 1 的 TCP 报文段。

2）客户端向服务器返回 ACK 位置 1 的 TCP 报文段。

3）客户端向服务器发送 FIN 和 ACK 位置 1 的 TCP 报文段。

4）服务器向客户端返回 ACK 位置 1 的 TCP 报文段。

在 TCP 断开连接过程中，有一个半关闭的概念。TCP 一方（通常是客户端）可以终止发送数据，但仍然可以接收数据，称为半关闭。具体描述如下：

1）客户端发送 FIN 报文段，半关闭了这个连接，服务器发送 ACK 报文段接受半关闭。

2）服务器继续发送数据，而客户端只发送 ACK 确认，不再发送任何数据。

3）当服务器把所有数据都发送完毕时，就发送 FIN 报文段，客户再发送 ACK 报文段，这样就关闭了 TCP 连接。

> **请思考：**
>
> TCP 建立连接需要三次握手，为什么终止连接需要四次握手？

TCP 在网络中的应用范围很广，主要用在对数据传输可靠性要求高的环境中，如网页浏览，它使用的 HTTP 协议就是依赖 TCP 提供可靠性的。在使用 TCP 协议时，通信方对数据的可靠性要求高，即使降低了一些数据传输率也是可以接受的。

这样的例子有很多，如表 2-2 所示列出了一些常用的端口号及其功能。

2.3.2　UDP 协议

UDP 是一个无连接、不保证可靠性的传输层协议，也就是说发送端不关心发送的数据是否到达目标主机、数据是否出错等，收到数据的主机也不会告诉发送方是否收到了数据，它的可靠性由上层协议来保障。既然 UDP 有这样的缺点，那为什么进程还愿意使用它呢？因为 UDP 也有优点，UDP 的首部结构简单，在数据传输时能实现最小的开销，如果进程想发送很短的报文而不关心可靠性，就可以使用 UDP。使用 UDP 发送很短的报文时，在发送端和接收端之间的交互要比使用 TCP 时少得多。

表 2-2　TCP 端口及其应用

端口	协议	说明
21	FTP	FTP 服务器所开放的控制端口
23	TELNET	用于远程登录，可以远程控制管理目标计算机
25	SMTP	SMTP 服务器开放的端口，用于发送邮件
80	HTTP	超文本传输协议

UDP 首部的格式如图 2.19 所示。

0　　　　　　　　　　　　　　　15	16　　　　　　　　　　　　　　31位
源端口号	目的端口号
UDP 长度	校验和

图 2.19　UDP 首部的格式

各字段的含义如下：
- 源端口号：用来标识数据发送端的进程，和 TCP 的端口号类似。
- 目的端口号：用来标识数据接收端的进程，和 TCP 的端口号类似。
- UDP 长度：用来指出 UDP 的总长度，为首部加上数据。
- 校验和：用来完成对 UDP 数据的差错检验，它的计算与 TCP 校验和类似。这是 UDP 提供的唯一可靠机制。

UDP 在实际工作中的应用范围很广。例如，聊天工具 QQ 在发送短消息时就是使用了 UDP 的方式。不难想象，如果发送十几个字的短消息也使用 TCP 进行一系列的验证，将导致传输率大大下降。有谁愿意用一个"反应迟钝"的软件进行网络聊天呢？在网络飞速发展的今天，网络技术日新月异，对于常用的简单数据传输来说，UDP 不失为一个很好的选择。在网络服务中也有用到 UDP 的，如表 2-3 所示列出了 UDP 常用的一些端口。

表 2-3　UDP 常用的一些端口

端口	协议	说明
69	TFTP	简单文件传输协议
111	RPC	远程过程调用
123	NTP	网络时间协议

本章总结

- OSI 参考模型的七层由低到高分别为物理层、数据链路层、网络层、传输层、会话层、表示层、应用层。
- 早期的 TCP/IP 模型是一个四层结构，从下往上依次是网络接口层、互联网层、传输层和应用层。在后来的使用过程中，借鉴 OSI 的七层参考模型，将网络接口层又划分为物理层和数据链路层，形成了一个新的五层结构。
- TCP 报文段首部长度为 20 ～ 60 字节，其首部格式中有六个重要的控制位。而 UDP 的首部格式要简单得多。
- TCP 建立连接需要三次握手，而断开连接需要四次握手。

本章作业

1. 简述 OSI 七层模型的各层功能。

2. 简述 TCP/IP 五层模型的封装和解封装过程。

3. 在客户端主机安装 Sniffer 软件，访问 Web 网站，在客户端通过抓包观察 TCP 建立连接的过程。

推荐步骤：

Step 1 准备工作

在客户端运行 Sniffer 软件开始抓包，然后通过 IE 浏览器访问 Web 服务器。

Step 2 过滤数据

过滤范围：在 Web 服务器和客户端主机之间。

Step 3 分析数据

分析三次握手的数据报文内容。

- 源和目标端口号。
- 初始序列号、确认号。
- 六个控制位。

4. 用课工场 APP 扫一扫，完成在线测试，快来挑战吧！

第 3 章

网络传输介质与布线

技能目标

- 学会制作双绞线跳线
- 学会搭接信息模块
- 了解网络布线

本章导读

本章主要介绍连接网络的各种传输介质，如双绞线、光纤，讲解传输介质的连接方式、连接器的制作方法以及测试网络连通性的方法。

知识服务

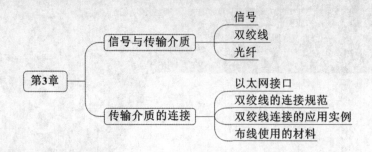

3.1　信号与传输介质

3.1.1　信号

1．信号的相关概念

（1）信息

不同领域对信息有着不同的定义，一般认为信息是人们对现实世界事物的存在方式或运动状态的某种认识。表示信息的形式可以是数值、文字、图形、声音、图像以及动画等。

（2）数据

数据是用于描述事物的某些属性的具体量值。

（3）信号

信号是信息传递的媒介。信号在网络中传输，使信息得以传递。

例如，描述某一件物体，它的长、宽、高、质地、颜色、气味等就是用以形容该物体的数据。通过这些数据，我们得到了关于该物体的信息。当我们需要向他人传递这些信息时，就要通过信号来传输。

2．信号的分类

信号可以分为模拟信号和数字信号。

（1）模拟信号

如图 3.1 左图所示，模拟信号是信号参数（幅度、频率等）大小连续变化的电磁波，可以以不同的频率在媒体上传输，是一个连续变化的物理量。

（2）数字信号

如图 3.1 右图所示，数字信号是不连续的物理量，信号参数也不连续变化。数字信号使用几个不连续的物理状态来代表数字。电报信号就属于数字信号。现在最常见的数字信号是幅度取值只有两种（用 0 和 1 代表）波形的信号，称为"二进制信号"。

3．信号在传输过程中产生的失真

信号在传输过程中，因为受到外界干扰或传输介质本身具有的阻抗等特性，会产

生一定程度的失真。信号失真的原因主要有以下两个。

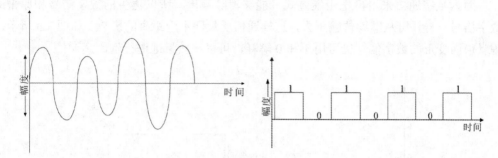

图 3.1　模拟信号和数字信号

（1）噪声

信号在信道中传输时，往往会受到噪声的干扰。"噪声"的简单定义：在信号的传输、处理过程中，由于设备自身、环境干扰等原因而产生的附加信号。这些信号与输入信号无关，是有害的。

（2）衰减

除了噪声以外，影响信号传输的另一个因素是信号的衰减，即随着信号的传播，能量逐渐减少。模拟信号和数字信号在传播过程中都存在衰减，为了补偿衰减，在传输过程中要经常对数字信号和模拟信号进行放大处理。模拟信号的问题在于当它被放大时，伴随的累积噪声也将被放大，这将使得模拟信号的变形更加严重。

4. 数字信号的优势

（1）抗干扰能力强

模拟信号在传输过程中与叠加的噪声很难分离，噪声会随着信号一起被传输、放大，严重影响通信质量，如图 3.2 所示。而数字通信中的信息是包含在脉冲的有、无之中的，只要噪声绝对值不超过某一阈值，接收端便可判别脉冲的有无，便可以保证通信的可靠性。

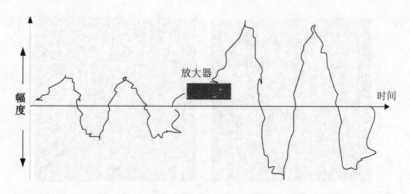

图 3.2　因噪声变形继而被放大的模拟信号

（2）远距离传输仍能保证质量

因为数字通信采用再生中继方式，能够消除噪声，所以再生的数字信号和原来的数字信号一样，可从继续传输下去，这样通信质量便不受距离的影响。如图 3.3 所示，因噪声而变形的数字信号仍可用 1 和 0 解释，可以高质量地进行远距离通信。

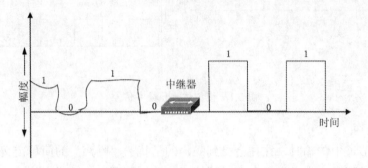

图 3.3　因噪声而变形进而被转发的数字信号

此外，数字信号还具有适应各种通信业务要求（如电话、电报、图像、数据等），便于实现统一的综合业务数字网，便于采用大规模集成电路，便于加密处理，便于实现通信网的计算机管理等优点。

3.1.2　双绞线

1. 双绞线概述

双绞线的英文名字叫 Twist-Pair，是布线工程中最常用的一种传输介质。

双绞线是将一对互相绝缘的金属导线，按逆时针方向互相绞合在一起，用来抵御一部分电磁波干扰，扭线越密，其抗干扰能力就越强，"双绞线"由此而得名。如图 3.4 所示，双绞线由多对铜线组成并被包在一个绝缘电缆套管里。典型的双绞线由四对铜线组成，也有 16 对、25 对的双绞线。

非屏蔽双绞线　　　　　　　屏蔽双绞线

图 3.4　屏蔽 / 非屏蔽双绞线

双绞线可以分为屏蔽双绞线（STP）和非屏蔽双绞线（UTP）。屏蔽双绞线通常用于有电磁干扰的工作环境中，如室外环境。通常情况下，在布线工程中广泛应用的是非屏蔽双绞线，如图 3.4 所示。

2. 双绞线的分类及特性

EIA/TIA-568 标准规定了用于室内传送数据的非屏蔽双绞线和屏蔽双绞线的标准。该标准定义了 1 类线到 7 类线，类别号越大，版本越新，质量越好，价格自然也越高。前四类线现在已经很少见了，下面主要介绍后三类线。

（1）5 类线（Cat 5）

5 类线缆在前四类线基础上增加了绕线密度，且外套一种高质量的绝缘材料，线对的带宽性能为 1 ～ 100MHz。主要应用于 100M 网络，常见的标准有 10Base-T 和 100Base-T。

5 类线依然是市场的主流产品，当初开发千兆以太网时，也打算通过 5 类线实现，但后来发现 5 类线不能满足电气性能测试的要求，这也是许多厂家将超 5 类线推向市场的原因。

> **注意**
>
> 　　100Base-T 是指使用双绞线实现百兆网络，包括 100Base-TX 和 100Base-T4 两个标准。100Base-TX 规定只使用八根铜线中的四根进行数据传输，其中两根用于接收数据，而另两根用于发送数据。100Base-T4 使用六根线传输数据，两根线用于冲突检测和控制信号的传输。目前，100Base-T4 的标准已经被淘汰，所以很多人常将 100Base-T 等同于 100Base-TX。

（2）超 5 类线（Cat 5e）

超 5 类线在 5 类线的基础上做了进一步的优化。它的衰减更小，串扰更少，并可以用于铺设千兆网。

> **注意**
>
> 　　串扰是指一对线对另一对线的影响程度，串扰的大小不仅取决于线路本身，而且与连接线路的接收器和连接头，以及制作连接水平有关。总之，串扰越小，传输质量越好。

（3）6 类线（Cat 6）

6 类线具备比超 5 类线更高的性能，适用于传输速率为 1000Mb/s 的场合，其带宽性能为 1 ～ 250MHz。

相对于超 5 类线而言，6 类线在串扰以及回波损耗方面的性能得到很大改善，这也是它能够稳定实现千兆网络的重要原因之一。6 类线更适合影音传输等高负载的环境。

> **注意**
>
> 回波损耗是表示信号反射性能的参数。当信号源发送信号时一部分被反射回来，这部分被反射回来的信号的功率与入射功率的比值即为回波损耗。

（4）7 类线（Cat 7）

7 类线目前还没有被广泛应用，它具有更高的传输带宽，可达 600MHz。不仅如此，7 类线采用双层屏蔽的双绞线，其在网络连接方式上也有很大变化，因此，它与传统的 RJ-45 接口完全不兼容。

3.1.3 光纤

1. 光纤的特点

随着光通信技术的飞速发展，现在人们已经可以利用光导纤维（简称光纤）来传输数据。如上文所述，数字信号的表示方法非常简单，振幅取值一般只有两种（0 和 1）。于是，人们用光脉冲的出现表示 1，不出现表示 0，这样便可以实现光通信。

相较于双绞线，光纤具有如下优点。

（1）传输带宽高

由于可见光的频率范围极大，因而光纤传输系统可以使用的带宽范围很大。目前，采用光纤传输技术带宽可以超过 50000GHz，今后可能更高。当前 10Gb/s 的传输瓶颈是光电信号转换的速度跟不上所导致的。如果在将来实现了完全的光交叉和光互连（即全光网络），那么网络的速度将成千上万倍地增加。

（2）传输距离远

光纤的传输距离要远远大于双绞线，其最大传输距离早已超过 100km，且随着光通信技术的发展还会有所提高。不同种类光纤的最大传输距离是不同的，而且传输速率、纤芯直径等参数都会影响光纤的传输距离。

（3）抗干扰能力强

在各种传输介质中，光纤的抗干扰能力是最强的，原因有两个：第一，它本身由绝缘体构成，不受电磁干扰，因此在室外传输时，不受雷电和高压电产生的强磁干扰的影响；第二，由于光纤传输的是光信号，因此不会像电信号那样产生磁场使得信号相互抵消。

光纤的优点很多，而且随着现在光纤的价格不断降低、技术越来越成熟，普及率也越来越高。据统计，截至 2013 年 11 月，我国光纤接入用户新增 1843.1 万，总数达到 3881.2 万，占宽带用户总数的比例达到 20.6%。相信在不远的将来，光纤网络的普遍覆盖必会成为现实。

2. 光纤的种类

按照传输模式的不同，光纤可分为单模光纤和多模光纤。

光脉冲在光缆中传输是利用了光的全反射原理，这样，光线将被完全限制在光纤中，几乎无损耗地传播，如图 3.5 所示。任何以大于临界值角度入射的光线，在介质边界都将按全反射的方式在介质内传播，而且不同的光线在介质内部将以不同的反射角传播，"模"即光纤的入射角度。

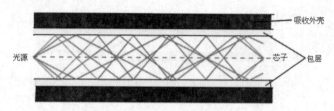

图 3.5　光脉冲在光纤中传输

如果光纤纤芯的直径较大，则光纤中可能存在多种入射角度，具有这种特性的光纤称为多模光纤（Multi-mode Fiber）；如果将光纤纤芯直径减小到只有光波波长大小，则光纤中只能传输一种"模"的光，这样的光纤称为单模光纤（Single-mode Fiber）。多模光纤和单模光纤的比较如图 3.6 所示。

（1）单模光纤

单模光纤的纤芯很细，其直径只有几微米（有些甚至已经达到纳米级）。同时单模光纤的光源使用较贵的半导体激光器，而不能使用较便宜的发光二极管，因此单模光纤的光源质量较高，且在传输过程中损耗较小，在 10Gb/s 的高速率下可传输数十甚至上百千米而不必采用中继器。

（2）多模光纤

多模光纤的纤芯较粗，其直径一般在 50 ～ 100mm，制造成本较低，光源质量较差，且传输过程中的损耗比较大，因此传输距离较单模光纤近得多，一般在几百米到几千米。

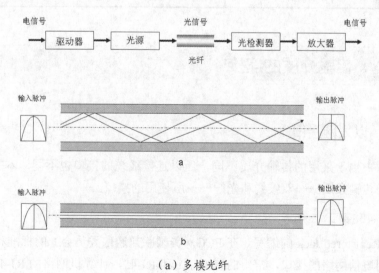

（a）多模光纤

图 3.6　多模光纤和单模光纤的比较

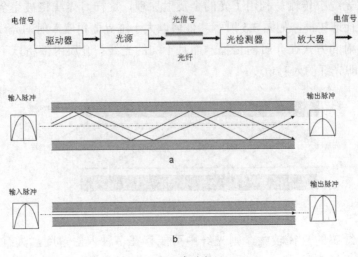

（b）单模光纤

图 3.6　多模光纤和单模光纤的比较（续图）

单模光纤与多模光纤的比较如表 3-1 所示。

表 3-1　单模光纤和多模光纤的比较

单模光纤	多模光纤
用于高速度、长距离传输	用于低速度、短距离传输
成本较高	成本较低
端接较难	端接较易
窄芯线，需要激光源	宽芯线，聚光好，光源可采用激光或发光二极管
耗散极小，高效	耗散大，低效

3.2　传输介质的连接

3.2.1　以太网接口

以太网中由于采用的传输介质不同，所以连接线缆的接口也不同，本节将介绍目前最常用的传输介质——双绞线和光纤——所使用的接口。

1．RJ-45 接口

RJ 是 Registered Jack 的缩写。在 FCC（美国联邦通信委员会）的标准和规章中 RJ 是描述公用电信网络的接口，常用的有 RJ-11 和 RJ-45，计算机网络的 RJ-45 是标准八位模块化接口的俗称。在 5 类、超 5 类以及 6 类布线中，采用的都是 RJ 型接口，俗称"水晶头"。RJ-45 插头只能沿固定方向插入，有一个塑料弹片可以与 RJ-45 插槽卡住以防止脱落。

这种接口在 10Base-T 以太网、100Base-TX 以太网、1000Base-T 以太网中都可以使用，传输介质都是双绞线。RJ-45 接口的外观如图 3.7 所示。

图 3.7　RJ-45 接口

如图 3.8 所示为 RJ-45 插头（水晶头）的截面示意图，从正面看由左到右的管脚顺序分别为 1 ～ 8。

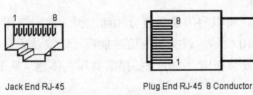

Jack End RJ-45　　　　　　Plug End RJ-45　8 Conductor

图 3.8　RJ-45 插头截面示意图

2. 光纤接口

光纤接口俗称活接头，ITU（国际电信联盟）建议将其定义为稳定但并不是永久地连接两根或多根光纤的无源器件。光纤接口是光纤通信系统中不可缺少的无源器件，它的应用使光纤通道间的可拆式连接成为可能。光纤接口的种类很多，主要有以下几种：

- FC 圆形带螺纹光纤接口。
- ST 卡接式圆形光纤接口。
- PC 微球面研磨抛光光纤接口。
- SC 卡接式方形光纤接口。
- MT-RJ 收发一体的方形光纤接口。

这里只简要介绍 SC 光纤接口。

SC 光纤接口在 100Base-TX 以太网时代就已经得到了应用，因此称为 100Base-FX（F是光纤单词Fiber的缩写）。不过当时由于光纤性能没有双绞线性能突出，而且成本也较高，因此没有得到普及。现在业界大力推广千兆网络，SC 光纤接口也开始受到重视。

SC 光纤接口主要用于局域网交换环境，在一些高性能千兆交换机和路由器上提供了这种接口。它与 RJ-45 接口看上去很相似，不过 SC 光纤接口显得更扁些，其明显区别还是里面的触片。如果是 8 条细的铜触片，则是 RJ-45 接口；如果是 1 根铜柱，则是 SC 光纤接口。如图 3.9 所示。

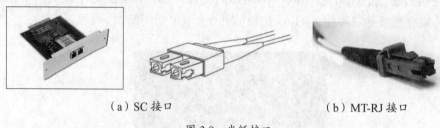

（a）SC 接口 　　　　　　　（b）MT-RJ 接口

图 3.9　光纤接口

早期的光纤接口还使用一种 ST 光纤接口，它和 SC 光纤接口只是形状不同，SC 光纤接口是方形，ST 光纤接口是圆形。一般光纤接线盒上的耦合器接口是圆形的，所以用 ST 光纤接口。

3. 信息插座

信息插座看起来像是电源插座，其作用是为计算机提供一个网络接口。它通常由信息模块、面板和底座组成。

根据实际应用环境，可以将信息插座分为墙上型、地上型和桌上型。其中较为常用的是墙上型，如图 3.10 所示。该类型的信息插座可以安装于室内的墙壁上，也可以安装在工位的隔断上。安装在墙上的信息插座需要和主体建筑施工一同完成。

图 3.10　墙上型信息插座

信息模块与面板是嵌套在一起的，铺设在墙中的网线通过信息模块与外部网线进行连接。墙内铺设的网线与信息模块的连接是通过把网线的 8 条芯线按规定卡入信息模块的对应线槽中实现的。如图 3.11 展示的是两款不同型号的信息模块。

图 3.11　RJ-45 信息模块

3.2.2　双绞线的连接规范

在以双绞线作为传输介质的以太网中，一般要用到三种网线：标准网线、交叉网线以及全反线。本节着重介绍这三种网线，以及如何使用双绞线和 RJ-45 连接器实现网络的连接。

RJ-45 插头是一种只能沿固定方向插入并自动防止脱落的塑料接头。双绞线的两端都必须安装这种 RJ-45 插头，以便插在网卡（Network Interface Card，NIC）、交换机（Switch）或路由器（Router）的 RJ-45 接口上进行网络通信。

EIA/TIA 的布线标准中规定了双绞线的两种线序 568A 与 568B，如图 3.12 所示。

T568A 的线序 1 ～ 8 分别为：白绿、绿、白橙、蓝、白蓝、橙、白棕、棕。

T568B 的线序 1 ～ 8 分别为：白橙、橙、白绿、蓝、白蓝、绿、白棕、棕。

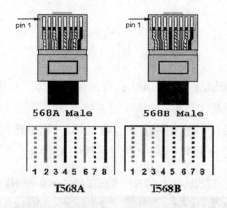

图 3.12　T568A 和 T568B 的双绞线线序

双绞线必须和 RJ-45 接口配合使用。双绞线的顺序要与 RJ-45 接口的管脚序号一一对应，才能把各计算机连接起来。在使用双绞线的网络中，用于设备互连的网线主要是标准网线和交叉网线。标准网线（又称为直通线、平行线，Straight-through）就是 RJ-45 两端都同时采用 T568A 或者 T568B 标准的接法；交叉网线（Cross-over）则是一端采用 T586A 标准制作，而另一端采用 T568B 标准制作。这两种网线都有各自不同的使用场合，如图 3.13 所示。

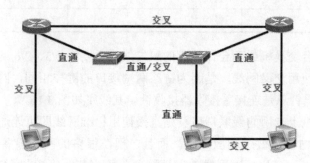

图 3.13　标准网线和交叉网线的使用场合

许多初学者在布线时经常犯的错误是采用一一对应的连接方法来制作标准网线。当连接距离较短时，系统不会出现连接上的故障；但当连接距离较长、网络繁忙或高速运行时，则必须遵循 EIA/TIA 568A/B 标准才能保证传输质量，这是由于传输使用的线缆呈平行状，线缆间产生串扰导致的，所以一般标准网线使用 EIA/TIA 568B。标准网线的线序如图 3.14 所示。

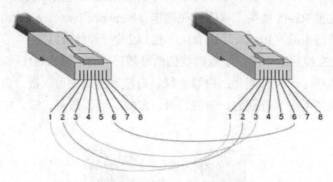

图 3.14　标准网线的线序

标准网线中，根据 10Base-T 和 100Base-TX 传输规范，双绞线的 4 对（8 根）线中，1 和 2 必须是一对，用于发送数据；3 和 6 必须是一对，用于接收数据。其余的线在连接中虽也被插入 RJ-45 接口，但实际上并没有使用。而对于 1000Base-T 则需要使用全部 4 对双绞线。表 3-2 列出了 T568A 中不同网线的功能。

表 3-2　T568A 标准中 RJ-45 连接器的管脚号和颜色编码

管脚号	用途	颜色
1	发送 +	白绿
2	发送 -	绿
3	接收 +	白橙
4	不被使用	蓝
5	不被使用	白蓝
6	接收 -	橙
7	不被使用	白棕
8	不被使用	棕

用于连接两台交换机或两台计算机的双绞线，需要将 1/3、2/6 两对线交换连接，称为交叉网线。使用交叉网线，是因为链路两端接口的键控相同，网线必须交叉，从而保证传输器输出针总是连接着接收器接收针。其线序如图 3.15 所示。

如果是交换机上专用的级联端口，则直接使用标准网线即可连通，这是因为在交换机的级联端口内已经做了相应调整。而且，现在很多的网络设备都支持自动翻转（Auto Crossover），使用标准网线或交叉网线，可以连通不同的网络设备。这种端口称为 Auto-MDIX，是 HP 公司的专利，被 IEEE 802.3ab 1000Base-T 采用，后来逐渐应用到了 100Base-T 中。

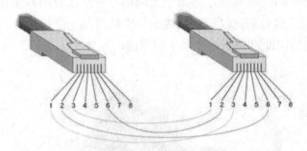

图 3.15　交叉网线的线序

全反线（Rolled）不用于以太网的连接，而主要用于主机的串口和路由器（或交换机）的 Console 口（控制口）Console 连接的。它一端的顺序是 1～8，另一端则全部反过来，是 8～1 的顺序，因此称为全反线。

请思考：

　　主机和交换机、交换机和路由器、交换机和交换机通过双绞线相连，应该分别使用哪种双绞线？

3.2.3　双绞线连接的应用实例及连通性测试

作为一名网络管理员，保证线缆的物理连接正常是一项重要的工作。因此，掌握双绞线连接器的制作方法以及信息模块的搭接方法是网络管理员的一项基本技能，如图 3.16 所示。具体制作演示请看课工场视频。

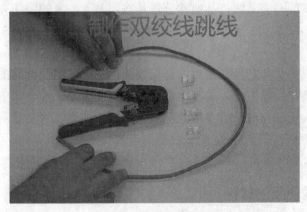

图 3.16　制作双绞线跳线

对于线缆的测试非常复杂，专业的布线工程连通后需要测试很多参数，本小节只对网络连通性的测试做简单介绍。

如图 3.17 所示，这是一种快捷方便的连通性测试工具——连通性测线仪。它由两部分组成：基座部分和远端部分，每部分上面都有对应线对的八个指示灯。将这两部分连到链路的两端，然后测试仪给双绞线的每个线对加一个电压，这些二极管就会逐个亮起，根据发光情况即可判断故障发生的原因。

图 3.17　连通性测线仪

（1）检测线缆开路

如果检测过程中发现某个线对所对应的指示灯没有亮起，则说明该线对出现开路问题。

（2）检测线缆错接

如果检测过程中发现两端的指示灯并没有按照顺序亮起，则说明线缆出现错接问题。需要说明的是，如果测试的是直通线，基座部分和远端部分都是按照 1 ～ 8 的顺序亮起；如果测试的是交叉线，基座部分还是按照从 1 ～ 8 的顺序亮起，而远端部分应按照 3、6、1、4、5、2、7、8 的顺序亮起，因为一端是 568A 的线序，另一端是 568B 的线序。

连通性测线仪的优势是操作简单，可以快捷地进行双绞线链路的连通性测试；但其主要缺陷在于测试功能方面。对于电信级的网络而言，一般要求的通信质量较高，使用连通性测线仪无法完成所有参数的测试。例如，如果工程要求测试衰减和串扰方面的参数，就需要使用类似 Fluke 测试仪等高级测线工具。

3.2.4　布线使用的材料

之前介绍了在布线过程中经常用到的线缆，在实际工作中除了线缆外，还会用到很多其他的布线材料，如线槽、桥架（走线架）、配线架。

1. 线槽

线槽分为金属线槽和塑料线槽两种。一般布线系统中，塑料线槽使用得较多，而金属线槽则多用于屏蔽系统。

塑料线槽由槽底和槽盖组成。槽与槽连接时，可以使用相应尺寸的接插件和螺钉固定。线槽的外形如图 3.18 所示。

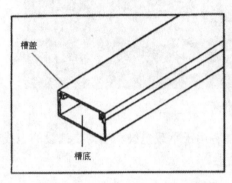

图 3.18　线槽的外形

与 PVC 槽配套的附件有阳角、阴角、直转角、平三通、左三通、右三通、连接头、终端头、接线盒（暗盒、明盒）等。塑料线槽明铺设安装的配套附件外形如表 3-3 所示。

表 3-3　塑料线槽明铺设安装的配套附件外形

产品名称	图例	产品名称	图例	产品名称	图例
阳角		平三通		连接头	
阴角		顶三通		终端头	
直转角		左三通		接线盒插口	
		右三通		灯头盒插口	

2. 桥架（走线架）

一般来说，可以将桥架和走线架理解为同一种布线设备的两种不同叫法。它与线槽的功能有些类似，主要用于布线系统中各类线缆的铺设。它强度较高、承重较好，是线槽无法比拟的。所以当需要铺设的线缆较多时，便会使用桥架。例如，配线间一般汇聚所有楼层或几个楼层的线缆，如果线缆较多就需要使用桥架作为走线槽。

如图 3.19 所示，桥架既可吊顶安装，也可地面支撑安装，且分为室内和室外两种。

图 3.19 桥架

一般来说，桥架可直接承载电缆，而线槽多用于承载电线。当需要铺设的电线较多时，可用桥架承载多个线槽，架设于吊顶之上。

3. 配线架

对于各楼层的配线间而言，配线架可以理解为终接来自于信息点的线缆，并将这些线缆最终连接到网络设备的一种工具。

如图 3.20 所示，终端设备（如计算机）通过双绞线跳线连接到工位的信息插座上，而端接在信息模块上的线缆的另一端就连接在配线架上。它可以汇聚来自各终端的线缆，方便对整个楼层线缆的维护与管理。

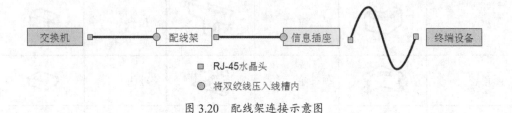

图 3.20 配线架连接示意图

如图 3.21 所示为双绞线配线架的连接图以及前后面板。

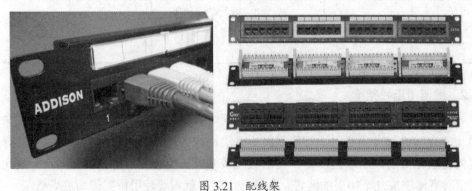

图 3.21 配线架

本章总结

- 信号分为数字信号和模拟信号，数字信号的抗干扰能力更强。
- 双绞线分为屏蔽双绞线和非屏蔽双绞线，EIA/TIA-568 定义了 1 ～ 7 类线的标准。其中，超 5 类线和 6 类线一般可用于实现千兆网络。
- 多模光纤的价格相对便宜，但传输距离近；单模光纤价格较高，但传输距离远，多用于广域网传输。
- 熟记 T568A 和 T568B 的线序，掌握端接水晶头和信息模块的方法。

本章作业

1．简述 T568A 和 T568B 的线序，并说明交换机之间、交换机和主机之间连接应该使用何种线缆。

2．对比单模光纤和多模光纤的特点，并说明它们各自的应用环境。

3．在网上或市场上调查目前常用的某品牌超 5 类和 6 类双绞线，对比这两种双绞线的价格及其性能指标。

4．用课工场 APP 扫一扫，完成在线测试，快来挑战吧！

随手笔记

第4章

交换机原理与配置

技能目标

- 了解以太网帧结构
- 理解交换机转发原理
- 能完成交换机的基本配置

本章导读

在讲解 OSI 的章节中，我们已经对以太网数据单元有了初步的认识，本章将在此基础上进一步学习数据链路层的主要内容，首次接触网络中的一个重要设备——交换机，并对交换机的转发原理进行深入剖析，为今后对交换设备的管理配置打下坚实的基础。

知识服务

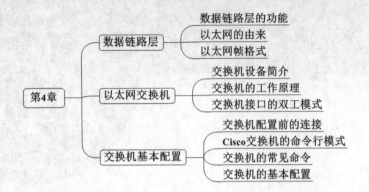

4.1 数据链路层

4.1.1 数据链路层的功能

在前面章节中已经介绍过,数据链路层负责网络中相邻节点之间可靠的数据通信,并进行有效的流量控制。在局域网中,数据链路层使用帧完成主机对等层之间数据的可靠传输。如图 4.1 所示,以主机 A 与主机 B 的一次数据发送为例,数据链路层的作用包括数据链路的建立、维护与拆除,帧包装,帧传输,帧同步,帧的差错控制以及流量控制等。

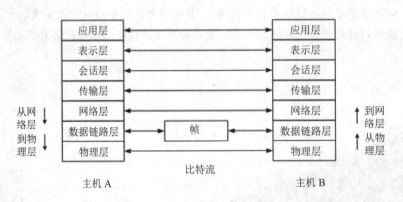

图 4.1 数据链路层数据传输示例

数据链路层在物理线路上提供可靠的数据传输,对网络层而言是一条无差错的线路,本层所关心的问题包括以下几方面:

● 物理地址、网络拓扑。

● 组帧:把数据封装在帧中,按顺序传送。

● 定界与同步:产生 / 识别帧边界。

● 差错恢复:采用重传的方法进行。

● 流量控制及自适应：确保中间传输设备的稳定及收发双方传输速率的匹配。

局域网中的数据链路知识主要涵盖在以太网的技术之中。后面将详细阐述以太网的发展历程，并对相关技术做详尽的介绍。

4.1.2 以太网的由来

1. Xerox 公司的 X-Wire

1973 年，位于美国加利福尼亚的 Xerox 公司提出并实现了最初的以太网。Robert Metcalfe 博士被公认为以太网之父，他研制的实验室原型系统的运行速率是 2.94Mb/s。这个实验性以太网（在 Xerox 公司中被称为 X-Wire）用在了 Xerox 公司早期的一些产品中，包括世界上第一台配备网络功能、带有图形用户界面的个人工作站——Xerox Alto。

2. DEC-Intel-Xerox（DIX）的以太网

1979 年，Xerox 公司与 DEC（Digital Equipment Corporation）公司联合起来，致力于以太网技术的标准化和商品化，并促进该项技术在网络产品中的应用。为确保能很容易地将商品化以太网集成到廉价芯片中，在 Xerox 公司的要求下，Intel 公司也参与进来，负责提供这方面的指导。由它们组成的 DEC-Intel-Xerox（DIX），于 1980 年 9 月开发并发布了 10Mb/s 版的以太网标准，并在 1982 年发布了该标准的第 2 版。这一版本的以太网对信令做了略微修改，并增加了网络管理功能。

3. IEEE 的 802.3 标准

1983 年 6 月，IEEE 标准委员会通过了第一个 802.3 标准。1990 年 9 月通过了使用双绞线介质的以太网（10Base-T）标准，该标准很快成为办公自动化应用中首选的以太网技术。

4. 快速以太网和千兆以太网

1991—1992 年间，Grand Junction 网络公司开发了一种高速以太网。这种网络的基本特征，如帧格式、软件接口、访问控制方法等，与以往的以太网相同，但其运行速率可达到 100Mb/s。

在快速以太网的官方标准提出后不到一年，对千兆以太网的研究工作也开始了，这种网络的速率可达到 1000Mb/s。1996 年，IEEE 802.3 成立了一个标准开发任务组，1998 年完成并通过了该标准。随后的研究工作又开始向支持桌面应用的双绞线千兆以太网拓展。

4.1.3 以太网帧格式

1. MAC 地址

前面讲过，计算机联网必需的硬件是安装在计算机上的网卡。通信中，用来标识主机身份的地址就是制作在网卡上的一个硬件地址。每块网卡生产出来后，除了具有基本的功能外，都有一个全球唯一的编号来标识自己，这个地址就是 MAC 地址，即网卡的物理地址。MAC 地址由 48 位二进制数组成，通常分成六段，用十六进制表示，如 00-D0-09-A1-D7-B7。其中前 24 位是生产厂商向 IEEE 申请的厂商编号，后 24 位是网络接口卡序列号。MAC 地址的第 8 位为 0 时，表示该 MAC 地址为单播地址；为 1 时，表示该 MAC 地址为组播地址。一块物理网卡的地址一定是一个单播地址，也就是第 8 位一定为 0，组播地址是一个逻辑地址，用来表示一组接收者，而不是一个接收者，如图 4.2 所示。

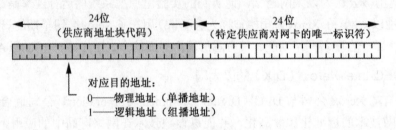

图 4.2　MAC 地址

名词解释

　　单播的发送方式为一对一，即一台主机发送的数据只给另一台主机。广播的发送方式为一对多，即一台主机发送数据，在这个网段中的所有主机都能收到。组播方式介于单播和广播之间，也是一对多，但接收者不是网段上的全体成员，而是一个特定的组的成员。在后续课程中会讲解组播的应用。

2. 以太网帧格式

　　以太网有多种帧格式，这里介绍最为常用的 Ethernet II 的帧格式。如图 4.3 所示，该帧包含六个域。

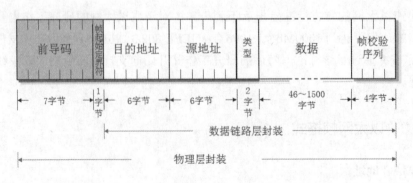

图 4.3　以太网帧格式

- 前导码（Preamble）包含八字节。前七字节的值为 0xAA，最后一字节的值为 0xAB。在 DIX 以太网中，前导码被认为是物理层封装的一部分，而不是数据链路层的封装。

- 目的地址（DA）包含六字节。DA 标识了帧的目的站点的 MAC 地址。DA 可以是单播地址（单个目的地）、组播地址（组目的地）或广播地址。

- 源地址（SA）包含六字节。SA 标识了发送帧的站点的 MAC 地址。SA 一定是单播地址（即第 8 位是 0）。

- 类型域包含两字节，用来标识上层协议的类型，如 0800H 表示 IP 协议。

- 数据域包含 46 ～ 1500 字节。数据域封装了通过以太网传输的高层协议信息。由于 CSMA/CD 算法的限制，以太网帧不能小于某个最小长度。高层协议要确保这个域至少包含 46 字节。如果实际数据不足 46 字节，则高层协议必须执行某些（未指定）填充算法。数据域长度的上限是任意的，但已经被设置为 1500 字节。

- 帧校验序列（FCS）包含四字节。FCS 是从 DA 开始到数据域结束这部分的校验和。校验和的算法是 32 位的循环冗余校验法（CRC）。

4.2　以太网交换机

4.2.1　交换机设备简介

交换机的品牌众多，像 Cisco、华为、H3C、TP-Link、神州数码、锐捷等厂家都生产了很多不同型号的交换机。

（1）Cisco 交换机产品系列

常见的 Cisco 交换机产品系列主要包括 Cisco 2960 系列、Cisco 3560 系列、Cisco 4500 系列和 Cisco 6500 系列，如图 4.4 所示。

Cisco 2960 系列交换机是一款入门级交换机，属于 Cisco 2950 系列的升级产品。在企业环境中，Cisco 2960 系列交换机常用于连接客户端主机实现 10/100/1000 兆位以太网互联。

Cisco 3560 系列交换机是一款企业级交换机，属于 Cisco 3550 系列的升级产品。在企业环境中，可用于直接连接客户端主机，也可用于互连入门级交换机。通过其自身的路由功能可实现不同网络的互联。

Cisco 4500 系列交换机是一款模块化的交换机，可以实现功能扩展以保护企业投资，主要用于具有一定规模的网络环境中，协助企业对关键业务进行部署。

Cisco 6500 系列交换机是一款高端交换机设备，主要用于大型企业园区网或电信运营商网络的构建。它提供 3 插槽、6 插槽、9 插槽和 13 插槽的机箱，以及多种集成式服务模块（包括网络安全、内容交换、语音和网络分析模块）。

总体来说，设备的系列号越高，其功能越强大，稳定性越好，背板带宽越高，但价格也越贵。不同型号设备可以实现的企业需求以及具体的应用环境也不同。实际工作中，企业组网选购设备需要考虑的因素很多，但对于初学者重点关注设备的性价比即可。

图 4.4   交换机

名词解释

背板带宽是指交换机接口处理器或接口卡和数据总线间所能吞吐的最大数据量。背板带宽标志着交换机的数据交换能力，单位为 Gb/s。

（2）H3C 交换机产品系列

H3C 以太网交换机产品线非常齐全，从园区到数据中心，从百兆到十万兆，从高端到低端，从核心层到接入层都有许多可选产品方案，可以灵活地满足不同层次用户的需求。其中核心层基本上都是路由式交换机，带有强大的路由功能，代表系列有 S10500、S9500E、S7500E、S7500 等；在汇聚层主要是全千兆智能交换机，代表系列主要有 S5500-EI/SI、S5510、S5120-EI/SI、S5600 等；在接入层基本上是只上行支持千兆以太网技术，下行基本上都是百兆的，代表系列主要有 S3100-EI/SI、S3600-EI/SI、S3610 等。

4.2.2   交换机的工作原理

交换机并不会把收到的每个数据信息都以广播的方式发给客户端，这是由于交换机可以根据 MAC 地址智能地转发数据帧。交换机存储的 MAC 地址表将 MAC 地址和交换机的接口编号对应在一起，每当交换机收到客户端发送的数据帧时，就会根据 MAC 地址表的信息判断该如何转发。

交换机转发数据帧的过程如下。

1．MAC 地址的学习

如图 4.5 所示，假设 A 主机发送数据帧（源 MAC 地址为 00-00-00-11-11-11，目标 MAC 地址为 00-00-00-22-22-22）到交换机的 1 号接口，交换机首先查询 MAC 地址表中 1 号接口对应的源 MAC 地址条目。如果条目中没有数据帧的源 MAC 地址，交换机就会将这个帧的源地址和收到该数据帧的接口编号（1 号口）对应起来，添加到 MAC 地址表中。

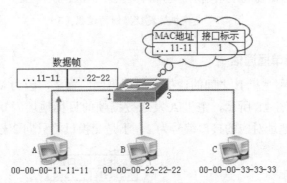

图 4.5　交换机转发数据帧的过程（1）

2．广播未知数据帧

如果交换机没有在 MAC 地址表中找到数据帧目的地址所对应的条目，就无法确定该从哪个接口将数据帧转发出去，于是被迫选用广播的方式，即除了 1 号口之外的所有接口都将转发这个数据帧，如图 4.6 所示。于是，网络中的主机 B 和主机 C 都会收到。

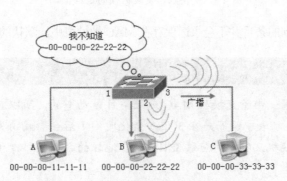

图 4.6　交换机转发数据帧的过程（2）

3．接收方回应信息

主机 B 会响应这个广播，并回应一个数据帧（源 MAC 地址为 00-00-00-22-22-22，目标 MAC 地址为 00-00-00-11-11-11），交换机也会将此帧的源 MAC 地址和接口编号（2 号口）对应起来，添加到 MAC 地址表中，如图 4.7 所示。

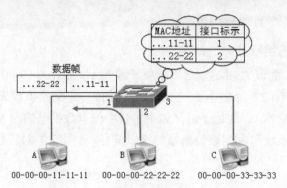

图 4.7　交换机转发数据帧的过程（3）

4．交换机实现单播通信

现在，主机 A 和主机 B 之间的通信不用再借助广播了，因为 MAC 地址表中已经有它们的条目，如图 4.8 所示，主机 A 发送数据帧的目标地址为 00-00-00-22-22-22，交换机会发现这个地址对应的接口编号为 2，于是交换机将只向 2 号口转发数据帧。

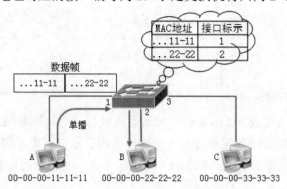

图 4.8　交换机转发数据帧的过程（4）

交换机所学习到的条目并不会永远保存在 MAC 地址表中，默认的老化时间是 300s。

> 🔍 **名词解释**
>
> 老化时间：由于交换机 MAC 地址条目是动态的，所以它不会永远存在于 MAC 地址表中，而是在 300s（老化时间）后会自动消失。但如果在此期间，交换机又收到对应该条目 MAC 地址的数据帧，老化时间将重新开始计时（重置为 300s）。

4.2.3　交换机接口的双工模式

1．单工、半双工与全双工

（1）单工

单工数据传输是指两个数据站之间只能沿单一方向传输数据。

如图 4.9 所示，可以把单工数据传输的过程比作学校传达室通过麦克风和扬声器播送通知的过程。只能将要通知的信息从麦克风传递到扬声器，而反方向传输是不可能实现的。

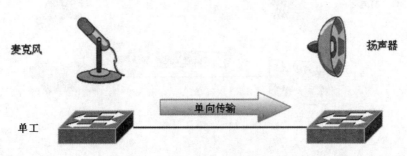

图 4.9　单工传输

多模光纤一般采用单工的传输模式。通信设备之间通过两根光纤连接，一根负责发送数据，另一根负责接收数据。一般来说，单工光纤较双工光纤传输距离更远，抗干扰能力更强。

（2）半双工

半双工数据传输使两个数据站之间可以实现双向数据传输，但不能同时进行。

如图 4.10 所示，可以把半双工数据传输比作对讲机的通信过程。手持对讲机的两个人都可以讲话，但只能一个说一个听，不能同时进行。

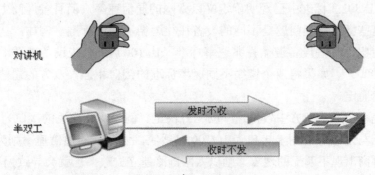

图 4.10　半双工传输

半双工传输模式通信效率低，且有可能产生冲突。由于目前的绝大多数网络都为交换网络，因此这种传输模式很少见。

（3）全双工

全双工数据传输是在两个数据站之间可双向且可同时进行数据传输的模式。

如图 4.11 所示，可以把全双工数据传输模式比作打电话，打电话的双方可以同时发言，而不必像对讲机那样等待对方停止发言，自己才能说话。

在交换网络中，通信双方大多采用全双工传输模式。一般来说，各厂商的设备接口默认的双工模式都为自适应。当实现物理连接后，通信双方开始协商双工模式，如果两端都是默认的设置（自适应），接口自动协商为全双工；但如果一端为半双工、一端为全双工，就会导致双工不匹配，可能出现丢包的现象。

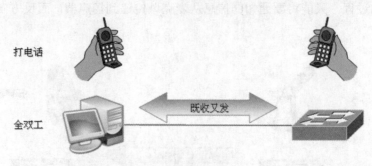

打电话

既收又发

全双工

图 4.11　全双工传输

> ### 经验总结
>
> 　　并非所有的设备之间都能够很好地协商以达到全双工的状态。当连接不同厂商的设备时，由于双方的协商参数存在差异，可能会导致双工不匹配，甚至同厂商不同型号的设备之间也可能出现双工不匹配。一旦遇到这种情况，就必须手动指定双工模式。

2．以太网接口速率

在 IEEE 802.3 标准中已经明确定义以太网的通信速率，而且各厂商生产的设备也完全遵循这些标准，但问题是不同的设备往往遵循不同的标准。例如，从交换机选型部分可以看出，有些设备遵循百兆速率标准（10/100），有些设备遵循千兆速率标准（10/100/1000）。如果将两个遵循不同速率标准的接口相连，双方的通信带宽就需要进一步协商而定。

协商速率由通信双方中较低速率的一方决定。例如，交换机的接口为 10/100/1000 自适应，而与之相连的网卡接口为 10/100 自适应，协商后的通信速率则为 100Mb/s。如果速率协商出现不匹配的现象，则以太网链路建立失败，也就会导致无法通信。

一般来说，大多数设备接口都可以通过这种协商机制实现通信双方速率匹配。但对于不同厂商的设备（如一端为 Cisco 设备，另一端为华为设备），可能会由于双方协商参数不同而导致双工或速率不匹配，这时就需要手动指定双工或速率的模式。

4.3　交换机基本配置

4.3.1　交换机配置前的连接

配置一台 Cisco 交换机的方法有多种，本节介绍通过 Console（控制台）端口进行

配置的方式，这也是网络管理员第一次配置 Cisco 设备时最常采用的方法，如图 4.12
所示。

图 4.12　通过 Console 接口配置交换机

Console 接口位于交换机背板，将其与 PC 的 COM 接口直连即可对交换机进行配置。
连接所使用的线缆一般为专用的 Console 电缆。

准备工作如下：

（1）按照上述说明完成物理连接，将 Console 电缆一端接交换机的 Console 接口，
一端接计算机的 COM1 接口，确认交换机电源已经接上。

（2）打开 SecureCRT 软件，如图 4.13 所示。单击工具栏中的"Quick Connect"按钮，
可以快捷地与设备建立连接。

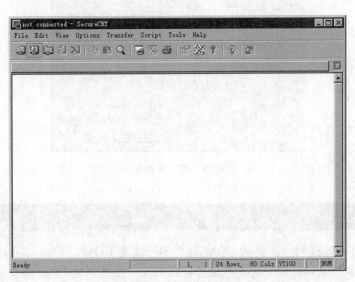

图 4.13　超级终端的使用

（3）单击"Quick Connect"按钮后，出现"Quick Connect"界面，如图 4.14 所示，
可以选择配置设备时采用的协议（方式），如选择 Serial 方式就可以实现本地 Console
接口方式的配置。

（4）之后在该界面上进行具体参数的配置，如图 4.15 所示，选择正确的 COM 接口，
单击"Connect"按钮就可以对设备进行配置了。

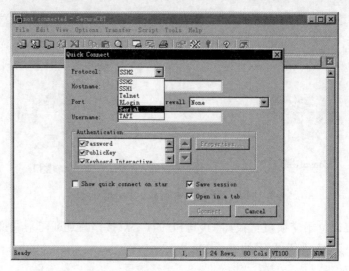

图 4.14　Quick Connect 界面

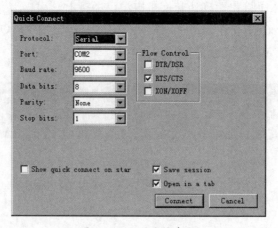

图 4.15　配置连接参数

> **注意**
>
> 　　（1）连接到计算机的 COM 接口不一定是 COM1 接口，不同的计算机（或笔记本计算机）需要根据其具体的硬件情况确定 COM 接口。
>
> 　　（2）有些非专业的笔记本计算机可能没有 COM 接口，这时就需要 USB 转接头和相关的驱动程序了。

4.3.2　Cisco 交换机的命令行模式

1. 用户模式

交换机启动完成后按下 Enter 键，首先进入的就是用户模式，在该模式下用户受到极大的限制，只能查看一些统计信息。

命令行提示符如下：

```
switch>
```

2. 特权模式

在用户模式下输入"enable"（可简写为 en）命令就可以进入特权模式，用户在该模式下可以查看并修改 Cisco 设备的配置。

命令行提示符如下：

```
switch>enable
switch#
```

3. 全局配置模式

在特权模式下输入"config terminal"（可简写为"conf t"）命令就可以进入全局配置模式，用户在该模式下可修改交换机的全局配置。例如，改变设备的主机名，就是一个全局配置。

命令行提示符如下：

```
Switch#config terminal
Switch(config)#
```

4. 接口模式

在全局配置模式下输入"interface fastethernet 0/1"（可简写为"int f0/1"）命令就可以进入接口模式。与全局模式不同，用户在该模式下所做的配置都是针对 f0/1 这个接口所设定的。例如，设定接口的 IP 地址，这个地址只属于接口 f0/1。

命令行提示符如下：

```
switch(config)#interface fastethernet 0/1
switch(config-if)#
```

含义如下：

interface：进入接口模式所必须的关键字。

fastethernet：接口类型，fastethernet 表示快速以太网，即百兆位以太网。

0/1："0"表示模块号，也就是第 0 号模块；"1"表示端口号。

在交换机的接口类型中，常见的还有 ethernet、gigabitethernet 和 tengigabitethernet（分别可简写为 e、gi 和 te），"e"表示以太网接口类型，即十兆以太网接口；"gi"表示吉比特以太网接口类型，即千兆以太网接口；"te"表示 10 吉比特以太网接口类型，即万兆以太网接口。

知道了如何进入每个模式，那要想退出来又该如何操作呢？

要从特权模式回到用户模式，需要输入"disable"命令，其他无论在哪个模式，只要输入"exit"命令就能回到前一个模式；在全局模式或是接口模式，只要输入"end"

命令都能回到特权模式，或者按下 Ctrl+Z 组合键等效于执行"end"命令。命令行提示符如下：

```
switch(config-if)#exit
switch(config)#exit
switch#disable
switch>
```

或者使用"end"命令来快速退出。命令行提示符如下：

```
switch(config-if)#end
switch#
switch(config)#end
switch#
```

📢 注意

在以后的学习中，不但要记住命令本身，更要知道这个命令属于哪个模式。一般来说，大部分用于查看信息的命令都在特权模式下，而用于配置的命令都在全局模式和接口模式下。

这四种模式有很明显的层次关系，一般情况下，如果想要进入全局模式就必须先进入特权模式，而不能从用户模式直接跳到全局模式。这里给出一张层次关系图，以帮助记忆和理解，如图 4.16 所示。

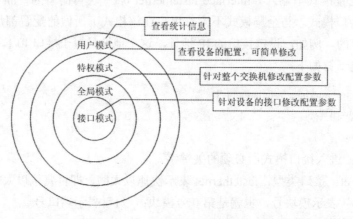

图 4.16 Cisco 设备命令行模式关系图

📢 注意

从用户模式到接口模式，再从接口模式回到用户模式，需要输入哪些命令？

4.3.3　交换机的常见命令

1．命令行帮助机制

在介绍基本配置命令之前，先来学习一些小技巧。

（1）"？"的作用

"？"是配置交换机的好帮手，主要用于命令提示。

● 显示该模式下的所有命令以及命令注解。

```
switch(config)#?
Configure commands:
  aaa             Authentication, Authorization and Accounting.
  aal2-profile    Configure AAL2 profile
  access-list     Add an access list entry
  alarm-interface Configure a specific Alarm Interface Card
  alias           Create command alias
  alps            Configure Airline Protocol Support
  appletalk       Appletalk global configuration commands
  application     Define application
--More—
```

● 显示命令后接参数或配置内容。

```
switch(config)#int ?
  Async          Async interface
  BVI            Bridge-Group Virtual Interface
  CDMA-Ix        CDMA Ix interface
  CTunnel        CTunnel interface
  Dialer         Dialer interface
  FastEthernet   FastEthernet IEEE 802.3
  Group-Async    Async Group interface
--More—
```

● 当忘记某个命令该如何拼写时，"？"可以帮助列出所有可能命令的列表以供选择。

```
switch>e?
enable exit
```

（2）Tab 键

在输入配置命令时，可以使用简写的方式。例如，可以输入"int"来代替"interface"，还可以灵活使用"Tab"键来补全命令，如下所示。

```
switch(config)#int              \\ 这里按下"Tab"键
switch(config)#interface        \\ 自动补全命令
```

当然也可以不补全，同样生效，其实命令之所以可以简写就是因为相对应的补全方式只有一种。

（3）常用快捷组合键

常用的快捷组合键如表 4-1 所示。

表 4-1　常用的快捷组合键

键名	功能
Ctrl+A	光标移到命令行的开始位置
Ctrl+E	光标移到命令行的结束位置

另外，用键盘上的"↑""↓"键可以调出刚刚输入的几个命令。

2. 常用命令介绍

（1）hostname

hostname 用于配置主机名，可简写为"host"。

```
switch(config)#host sw1
sw1(config)#
```

（2）show version

show version 用于显示系统 IOS 名称以及版本信息，可简写为"sh ver"。

```
sw1#sh ver
Cisco IOS Software, C2960 Software (C2960-LANBASE-M), Version 12.2(35)SE5, RELE
SE SOFTWARE (fc1)
Copyright (c)1986-2007 by Cisco Systems, Inc.
Compiled Thu 19-Jul-07 20:06 by nachen
Image text-base: 0x00003000, data-base: 0x00D40000

--More—

64K bytes of flash-simulated non-volatile configuration memory.
Base ethernet MAC Address      : 00:24:50:77:54:80
Motherboard assembly number    : 73-11473-05
Power supply part number       : 341-0097-02
Motherboard serial number      : FOC12484HXN
Power supply serial number     : DCA12428350

--More—
```

🔍 名词解释

　　IOS（Internet Operating System，互联网络操作系统）是指 Cisco 路由器或交换机上的操作系统。交换机的 IOS 对于交换机来说，就像 Windows 操作系统对于 PC 一样。

　　该命令除了可以查看 IOS 版本信息外，还可以看到交换机自身的 MAC 地址。

4.3.4　交换机的基本配置

1. 查看 MAC 地址表

MAC 地址表相当于交换机内部的一个数据库，记录着 MAC 地址和接口编号的对应关系。查看 MAC 地址表的命令行如下：

```
sw1#show mac-addess-table [dynamic]
```

"dynamic"为可选参数，可以使交换机只显示交换机动态学习到的 MAC 地址。

如图 4.17 所示，SW1 和 SW2 与 PC1、PC2、PC3 互联在一起，在 SW1 上可使用上述命令查看 MAC 地址表。

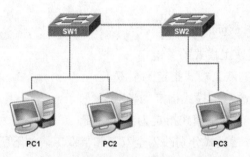

图 4.17　查看 MAC 地址表网络示意图

各设备的 MAC 地址如表 4-2 所示。

表 4-2　各设备的 MAC 地址

PC1	PC2	PC3	SW1	SW2
000a.b8b6.b5a2	001a.a135.9297	001d.60dd.713a	000d.30ae.c200	000d.28be.b600

在 SW1 上查看 MAC 地址表，命令如下：

```
sw1#show mac-address-table dynamic
        Mac Address Table
-----------------------------------------

Vlan    Mac Address    Type       Ports
----    -----------    --------   -----
1       000d.28be.b618    DYNAMIC    Fa0/24
1       001d.60dd.713a    DYNAMIC    Fa0/24
1       000a.b8b6.b5a2    DYNAMIC    Fa0/1
1       001a.a135.9297    DYNAMIC    Fa0/2
Total Mac Addresses for this criterion: 1
```

由于 Windows 系统在接入网络后会自动查询是否有其他主机存在，所以，交换机已经学习到三台主机的 MAC 地址。

- MAC Address：交换机获取到的 MAC 地址。
- Type：交换机获取 MAC 地址信息的方式。
- Ports：MAC 地址对应的交换机接口编号。

值得关注的是，虽然 PC3 与 SW1 没有直接相连，但 PC3 的 MAC 地址也存在于 SW1 的 MAC 地址表中，且对应着接口 Fa0/24。这是由于交换机之间互相学习（同步）MAC 地址表所致。从 MAC 地址表中可以看出，SW1 通过接口 Fa0/24 与 SW2 相连，于是 SW1 就将从 SW2 同步过来的 MAC 地址全部对应到 Fa0/24 接口。

2．配置接口的双工模式及速率

（1）指定接口的双工模式

命令行如下：

```
switch(config-if)#duplex {full | half | auto}
```

- duplex：配置双工模式的关键字。
- full：将接口的双工模式指定为全双工。
- half：将接口的双工模式指定为半双工。
- auto：将接口的双工模式指定为自动协商。

将两台交换机的双工模式分别改为全双工和半双工，如下所示。

```
Sw1(config)#int f0/24
Sw1(config-if)#duplex full

Sw2(config)#int f0/24
Sw2(config-if)#duplex half
```

两台交换机在链路协商时发现双工不匹配，便会每隔一段时间提示如下信息。

```
*Mar  1 08:15:50.023: %CDP-4-DUPLEX_MISMATCH: duplex mismatch discovered on
FastEthernet0/1 (not half duplex), with Switch FastEthernet0/23 (half duplex).
```

📢 注意

　　实验测试时可能会发现，即使双工不匹配，通信双方依然可以 ping 通。这是因为实验环境中设备间的通信量很小，而在实际工作环境中交换机的链路一般会非常繁忙，如果出现双工问题，可能会出现很严重的丢包现象。

（2）指定接口的通信速率

命令行如下：

```
Switch(config-if)#speed {10 | 100 | 1000 | auto}
```

- speed：配置接口速率的关键字。
- 10/100/1000：为接口配置具体速率值。

● auto：接口与对端自动协商通信速率。

将两台交换机的接口速率分别改为 10Mb/s 和 100Mb/s，如下所示。

```
Sw1(config)#int f0/24
Sw1(config-if)#speed 10

Sw2(config)#int f0/24
Sw2(config-if)#speed 100
```

通过 ping 命令测试，发现两台交换机无法正常通信。

（3）查看接口的双工模式和通信速率

将 SW1 的接口 f0/24 关闭，通过命令 "show interface f0/24" 可以查看交换机接口的默认双工模式及通信速率，如下所示。

```
Sw1#sh int f0/24
FastEthernet0/24 is administratively down, line protocol is down (disabled)
 Hardware is Fast Ethernet, address is 001a.a135.929a (bia 001a.a135.929a)
 MTU 1500 bytes, BW 100000 Kbit, DLY 100 usec,
   reliability 255/255, txload 1/255, rxload 1/255
 Encapsulation ARPA, loopback not set
 Keepalive set (10 sec)
 Auto-duplex, Auto-speed, media type is 100BaseTX
```

从显示结果中可以看出，SW1 接口的双工模式和速率都属于自动协商。如果再将接口开启，SW1 和 SW2 的接口之间将进行双工模式和速率的协商，如下所示。

```
Sw1#sh int f0/24
FastEthernet0/24 is up, line protocol is up (connected)
 Hardware is Fast Ethernet, address is 001a.a135.929a (bia 001a.a135.929a)
 MTU 1500 bytes, BW 100000 Kbit, DLY 100 usec,
   reliability 255/255, txload 1/255, rxload 1/255
 Encapsulation ARPA, loopback not set
 Keepalive set (10 sec)
Full-duplex, 100Mb/s, media type is 10/100BaseTX
```

从显示结果中可以看出，链路建立后，双工模式协商为全双工，速率模式协商为 100Mb/s 通信速率。

本章总结

● MAC 地址，即网卡的物理地址。MAC 地址由 48 位二进制数组成，通常分成六段，用十六进制表示。
● 交换机可以根据 MAC 地址智能地转发数据帧，每当交换机收到客户端发送的数据帧时，就会根据 MAC 地址表的信息判断该如何转发。

● Cisco 交换机的命令行模式包括用户模式、特权模式、全局配置模式和接口模式。

本章作业

1. 结合 MAC 地址表的形成，简述交换机转发原理。

2. 说明交换机有哪些配置模式，各个配置模式之间如何切换。

3. 如图 4.18 所示，两台交换机互联，并与四台计算机连接在一起，设备之间接口的连接情况如表 4-3 所示。

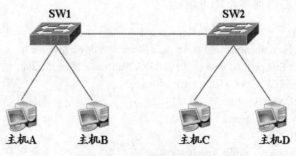

图 4.18　实验案例示意图

表 4-3　设备之间接口的连接情况

设备	接口	接口	设备
SW1	F0/24	F0/24	SW2
SW1	F0/1		主机 A
SW1	F0/2		主机 B
SW2	F0/1		主机 C
SW2	F0/2		主机 D

需要完成以下任务：

通过命令查看 MAC 地址表，观察各个接口对应的 MAC 地址；配置交换机互联接口的双工以及速率，观察在双工和速率不匹配时的现象。

4. 用课工场 APP 扫一扫，完成在线测试，快来挑战吧！

第5章

网络层协议与应用

技能目标

- 理解 IP 数据包格式
- 理解并应用 ICMP 协议原理
- 理解 ARP 协议
- 掌握 ARP 攻击与欺骗的原理及应用

本章导读

    本章从 IP 报文的结构讲起，引入了两个重要的协议——ARP 和 ICMP。学习协议的关键不在于死记硬背，而在于理解协议在实际环境中应用的过程和原理。本章在理解 ARP 协议原理的基础上，探讨了目前一些常见的利用 ARP 协议漏洞实施的攻击策略。在这里强调一点，学会 ARP 攻击欺骗原理以及 Sniffer 的使用方法固然重要，但掌握一种分析研究方法，在日后遇到新的技术时知道该如何着手研究、学习更加重要。

知识服务

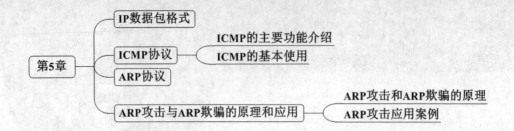

5.1 IP 数据包格式

之前学习了 IP 地址，网络层负责定义数据通过网络流动所经过的路径。主要功能可以总结为以下几点：

● 定义了基于 IP 协议的逻辑地址。

● 选择数据通过网络的最佳路径。

● 连接不同的媒介类型。

首先来看一下 IP 数据包头的格式，如图 5.1 所示。各字段的含义如下：

● 版本（Version）：该字段包含的是 IP 的版本号，4 比特。目前 IP 的版本为 4（即 IPv4），该版本形成于 20 世纪 80 年代早期，现在无论是在局域网还是在广域网中，使用的都是 IPv4。目前 IPv4 所面临的最大问题是 IP 地址空间不足，即将使用的 IPv6 是 IP 的下一个版本，但也不能解决 IP 地址缺乏的问题。

版本 （4）	首部长度（4）	优先级与服务类型（8）	总长度（16）	
标识符（16）			标志（3）	段偏移量（13）
TTL（8）	协议号（8）		首部校验号（16）	
源地址（32）				
目标地址（32）				
可选项				
数据				

图 5.1 IP 数据包头的格式

● 首部长度（Header Length）：该字段用于表示 IP 数据包头长度，4 比特。IP 数据包头最短为 20 字节，但是其长度是可变的，具体长度取决于可选项字段的长度。

● 优先级与服务类型（Priority & Type of Service）：该字段用于表示数据包的优先级和服务类型，8 比特。通过在数据包中划分一定的优先级，用于实现 QoS（服务质量）的要求。

- 总长度（Total Length）：该字段用以指示整个 IP 数据包的长度，16 比特。最长为 65 535 字节，包括包头和数据。
- 标识符（Identification）：该字段用于表示 IP 数据包的标识符，16 比特。当 IP 对上层数据分片时，它将给所有的分片分配一组编号，然后将这些编号放入标识符字段中，保证分片不会被错误地重组。标识符字段用于标识一个数据包，以便接收节点可以重组被分片的数据包。
- 标志（Flags）：标志字段，3 比特。标志和分片一起被用来传递信息。例如，当数据包从一个以太网发送到另一个以太网时，指示对当前的包不能进行分片或者一个包被分片后指示在一系列的分片中最后一个分片是否已发出。
- 段偏移量（Fragment Offset）：该字段用于表示段偏移量，13 比特。段偏移量中包含的信息是在一个分片序列中如何将各分片重新连接起来。
- TTL（Time to Live）：该字段用于表示 IP 数据包的生命周期，8 比特。该字段包含的信息可以防止一个数据包在网络中无限循环地转发下去。
  - TTL 值的意义是一个数据包在被抛弃前在网络中可以经历的最大周转时间。数据包经过的每一个路由器都会检查该字段中的值，当 TTL 的值为 0 时，数据包将被丢弃。
  - TTL 对应于一个数据包通过路由器的数目。一个数据包每经过一个路由器，TTL 将减去 1。
- 协议号（Protocol）：协议字段，8 比特。该字段用以指示在 IP 数据包中封装的是哪一个协议，是 TCP 还是 UDP，TCP 的协议号为 6，UDP 的协议号为 17。
- 首部校验和（Header Checksum）：该字段用于表示校验和，16 比特。校验和是 16 位的错误检测字段。目的主机和网络中的每个网关都要重新计算包头的校验和，就如同源主机所做的一样。如果数据没有被改动过，两个计算结果应该是一样的。
- 源 IP 地址（Source IP Address）：该字段用于表示数据包的源地址，32 比特。这是一个网络地址，指的是发送该数据包的设备的网络地址。
- 目标 IP 地址（Destination IP Address）：该字段用于表示数据包的目的地址，32 比特。这也是一个网络地址，但指的是接收节点的网络地址。
- 可选项（Options）：可选项字段根据实际情况可变长，可以和 IP 一起使用的选项有多个。例如，可以输入创建该数据包的时间等。在可选项之后，就是上层数据。

5.2 ICMP 协议

作为网络管理员，必须要知道网络设备之间的连接状况，因此就需要有一种机制来侦测或通知网络设备之间可能发生的各种各样的情况，这就是 ICMP 协议的作用。ICMP

协议（Internet Control Message Protocol）的全称是"Internet 控制消息协议"，主要用于在 IP 网络中发送控制消息，提供在通信环境中可能发生的各种问题的反馈。通过这些反馈信息管理员就可以对所发生的问题做出判断，然后采取适当的措施去解决问题。

5.2.1 ICMP 的主要功能介绍

ICMP 采取"错误侦测与回馈机制"，通过 IP 数据包封装，用来发送错误和控制消息。其目的是使管理员能够掌握网络的连通状况。例如，在图 5.2 中，当路由器收到一个不能被送达最终目的地的数据包时，路由器会向源主机发送一个主机不可达的 ICMP 消息。

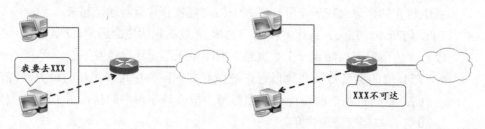

图 5.2　ICMP 的示意图

ICMP 属于网络层协议（也有高于网络层协议的说法），因为传输 ICMP 信息时，要先封装网络层的 IP 报头，再交给数据链路层，即 ICMP 报文对应 IP 层的数据，如图 5.3 所示。

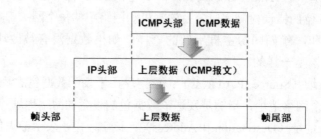

图 5.3　ICMP 的封装

5.2.2 ICMP 的基本使用

在网络中，ICMP 协议的使用是靠各种命令来实现的。下面以 ping 命令为例，介绍 ping 命令的使用以及返回的信息。

ping 命令的基本格式如下：

```
C:\>ping  [–t] [-l 字节数 ] [-a] [-i] IP_Address| target_name
```

其中 [ ] 中的参数为可选参数。

1．ping 命令的返回信息

在检查网络连通性时，ping 命令是用得最多的。当我们 ping 一台主机时，本地计算机发出的就是一个典型的 ICMP 数据包，用来测试两台主机是否能够顺利连通。ping 命令能够检测两台设备之间的双向连通性，即数据包能够到达对端，并能够返回。如图 7.10 所示。

（1）连通的应答

如图 5.4 所示，从返回的信息可知，从源主机向目标主机共发送了 4 个 32 字节的包，而目标主机回应了 4 个 32 字节的包，包没有丢失，源主机和目标主机之间的连接正常。除此以外，可以根据"时间"来判断当前的联机速度，数值越低，速度越快；倒数第二行是一个总结，如果发现丢包很严重，则可能是线路不好造成的丢包，那就要检查线路或更换网线了；最后一行是"往返行程"时间的最小值、最大值、平均值，它们的单位都是毫秒（ms）。

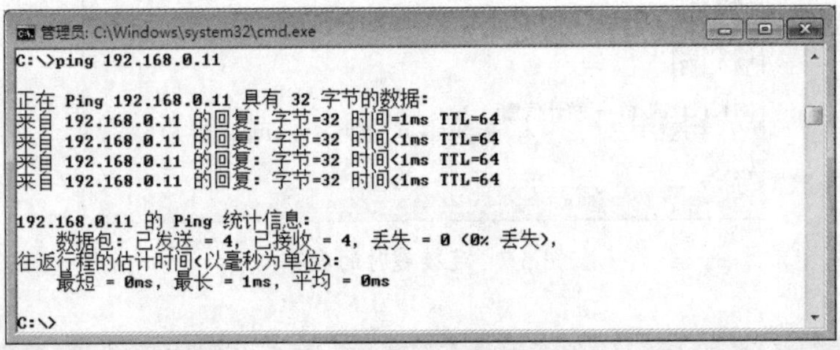

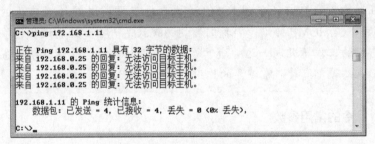

图 5.4　连通的应答

（2）不能建立连接的应答

如果两台主机之间不能建立连接，那么 ICMP 也会返回相应的信息，如图 5.5 所示。

图 5.5　不能建立连接的应答

如图 5.5 所示，ICMP 返回信息为"无法访问目标主机"，说明两台主机之间无法建立连接，可能是没有正确配置网关等参数。由于找不到去往目标主机的"路"，所以显示"无法访问目标主机"。

（3）应答为未知主机名

由于网络中可能存在的问题很多，因此返回的 ICMP 信息也很多。如图 5.6 所示，ICMP 返回信息为"找不到主机"，说明 DNS 无法进行解析。

图 5.6　应答为未知主机名

（4）连接超时的应答

如图 5.7 所示，返回信息为"请求超时"，说明在规定的时间内没有收到返回的应答消息。

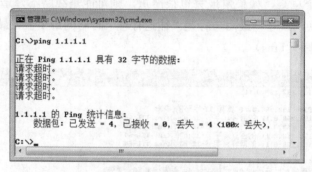

图 5.7　连接超时的应答

> **注意**
>
> 　　如果目标计算机启用了防火墙的相关设置，即使网络正常也可能会返回"请求超时"信息。关于防火墙的知识将在后续课程中介绍。
>
> 　　在路由器上也广泛使用 ICMP 协议来检查设备之间的连接及运行情况。如果没有 ICMP 协议，那我们看到的就只是一些单纯的设备的堆叠，至于它们的工作情况则一无所知。所以 ICMP 协议对于管理网络设备、监控网络状态等都有着非常重要的作用。

2. ping 命令的常用参数

（1）-t

在 Windows 操作系统中，默认情况下发送 4 个 ping 包，如果在 ping 命令后面加上参数"-t"，如图 5.8 所示，系统将会一直不停地 ping 下去。

（2）-a

在 Windows 操作系统上，在 ping 命令中加入"-a"参数，可以返回对方主机的主机名，如图 5.9 所示。

（3）-l

一般情况下，ping 包的大小为 32 字节，有时为了检测大数据包的通过情况，可以使用参数改变 ping 包的大小，如图 5.10 所示，ping 包的大小为 10000 字节。

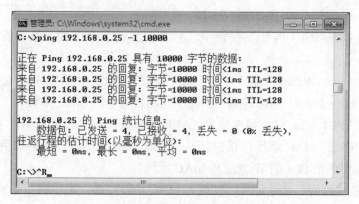

图 5.8　ping 命令的参数 "-t"

图 5.9　ping 命令的参数 "-a"

图 5.10　ping 命令的参数 "-l"

5.3　ARP 协议

1. ARP 概述

在局域网中，交换机通过 MAC 地址进行通信，要获得目的主机的 MAC 地址就需要使用 ARP 协议将目的 IP 地址解析成目的 MAC 地址。所以，ARP（Address Resolution Protocol，地址解析协议）的基本功能是负责将一个已知的 IP 地址解析成 MAC 地址，以便在交换机上通过 MAC 地址进行通信。

如图 5.11 所示，假设 PC1 发送数据给 PC2，需要知道 PC2 的 MAC 地址，可是 PC1 是如何知道 PC2 的 MAC 地址呢？它不可能把全世界的 MAC 地址全部记录下来，所以当 PC1 访问 PC2 之前就要询问 PC2 的 IP 地址所对应的 MAC 地址是什么，这时就需要通过 ARP 请求广播实现。

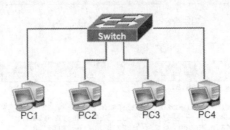

图 5.11　ARP 工作原理

（1）如图 5.11 所示，主机 PC1 想发送数据给主机 PC2，它检查自己的 ARP 缓存表。ARP 缓存表是主机存储在内存中的一个 IP 地址和 MAC 地址对应表。在 Windows 操作系统中可以使用 "arp -a" 命令来显示 ARP 缓存表。

Windows 系统中 ARP 缓存表的格式如下：

Internet 地址	物理地址	类型
10.0.0.4	00-1f-c6-59-c2-04	动态
10.0.0.5	00-19-21-01-93-29	动态

如果要查找的 MAC 地址不在表中，ARP 会发送一个广播，从而找到目的地的 MAC 地址。

经查看 PC1 的 ARP 缓存表中没有 PC2 的 MAC 地址，这时，PC1 会初始化 ARP 请求过程（发送一个 ARP 请求广播），用于发现目的地的 MAC 地址。

（2）主机 PC1 发送 ARP 请求信息，ARP 请求是目的地址为 MAC 广播地址（FF-FF-FF-FF-FF-FF）的 MAC 地址广播帧，从而保证所有的设备都能够收到该请求。在 ARP 请求信息中包括 PC1 的 IP 地址和 MAC 地址。

（3）交换机收到广播地址后，发现为 MAC 地址广播，所以将数据帧从除了接收口之外的所有接口转发出去。主机接收到数据帧后，进行 IP 地址的比较，如果目标 IP 地址与自己的 IP 地址不同，则会丢弃这个数据包，而只有 PC2 这台主机会在自己的 ARP 表中缓存 PC1 的 IP 地址和 MAC 地址的对应关系，同时发送一个 ARP 应答，来告诉 PC1 自己的 MAC 地址（这个数据帧是单播）。

（4）PC1 接收到这个回应的数据帧后，在自己的 ARP 表中添加 PC2 的 IP 地址和 MAC 地址的对应关系。在这个过程中，Switch（交换机）已经学习到了 PC1 和 PC2 的 MAC 地址，之后传输数据时，PC1 和 PC2 之间将使用单播方式。

其实，路由器像其他网络设备一样收发数据，也保存着一张将 IP 地址映射到 MAC 地址的 ARP 缓存表。路由器连接不同的网络，通常的网络只具有本网络内部的 IP 地址到 MAC 地址的映射信息，对于其他网络的信息则知之甚少。而在路由器上会建立与之相连接的所有网络的 ARP 表，显示将不同网络上的 IP 地址映射为 MAC 地址的对应情况。

2. ARP 原理演示

如图 5.12 所示，这是一个对等网的环境，PC1 和 PC2 第一次通信，在通信双方的 ARP 缓存中都不会有彼此的 IP-MAC 地址的映射。

图 5.12　ARP 演示过程

具体实验步骤如下：

（1）用"arp -a"命令查看 PC1 和 PC2 的 ARP 缓存，如下所示：

```
C:\>arp -a
```

未找到 ARP 项。

（2）在 PC1 上 ping PC2 的 IP 地址，之后用"arp -a"命令查看 ARP 缓存信息，如下所示：

```
C:\>arp -a
接口 : 10.0.0.7 --- 0x2
Internet 地址          物理地址           类型
 10.0.0.6            00-1f-c6-44-11-11      动态
```

在 PC1 的 ARP 缓存中显示了 PC2 的 IP-MAC 地址的对应关系，这是由于在 ping 命令发送数据之前，PC1 先通过 ARP 请求获得了 PC2 的 MAC 地址。

5.4　ARP 攻击与 ARP 欺骗的原理和应用

网络管理员在网络维护阶段需要处理各种各样的故障，其中出现最多的就是网络通信问题。除物理原因外，这种问题一般是由 ARP 攻击或 ARP 欺骗导致的。

无论是 ARP 攻击还是 ARP 欺骗，它们都是通过伪造 ARP 应答来实现的。

5.4.1　ARP 攻击和 ARP 欺骗的原理

1. ARP 攻击的原理

一般情况下，ARP 攻击的主要目的是使网络无法正常通信，主要包括以下两种攻击行为。

- 攻击主机制造假的 ARP 应答，并发送给局域网中除被攻击主机之外的所有主机。ARP 应答中包含被攻击主机的 IP 地址和虚假的 MAC 地址。
- 攻击主机制造假的 ARP 应答，并发送给被攻击主机。ARP 应答中包含除被攻击主机之外的所有主机的 IP 地址和虚假的 MAC 地址。

只要执行上述 ARP 攻击行为中的任一种，就可以实现被攻击主机和其他主机无法通信，如图 5.13 所示。例如，如果希望被攻击主机无法访问互联网，就需要向网关发送或向被攻击主机发送虚假的 ARP 应答。当网关接收到虚假的 ARP 应答更新 ARP 条目后，网关再发送数据给 PC1 时，就会发送到虚假的 MAC 地址，从而导致通信故障的发生。

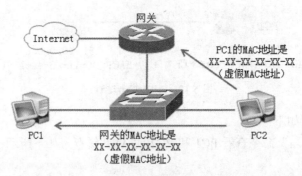

图 5.13　ARP 攻击

某些 ARP 病毒会向局域网中的所有主机发送 ARP 应答，其中包含网关的 IP 地址和虚假的 MAC 地址。局域网中的主机收到 ARP 应答更新 ARP 表后，就无法和网关正常通信，从而导致无法访问互联网。

2. ARP 欺骗的原理

一般情况下，ARP 欺骗并不会使网络无法正常通信，而是通过冒充网关或其他主机使到达网关或主机的流量通过攻击主机进行转发。通过转发流量可以对流量进行控制和查看，从而可以控制流量或得到机密信息。

ARP 欺骗发送 ARP 应答给局域网中其他主机，其中包含网关的 IP 地址和进行 ARP 欺骗的主机 MAC 地址；并且也发送 ARP 应答给网关，其中包含局域网中所有主机的 IP 地址和进行 ARP 欺骗的主机 MAC 地址（有的软件只发送 ARP 应答给局域网中的其他主机，并不发送 ARP 应答欺骗网关）。当局域网中主机和网关收到 ARP 应答更新 ARP 表后，主机和网关之间的流量就需要通过攻击主机进行转发，如图 5.14 所示。冒充主机的过程和冒充网关相同，如图 5.15 所示。

5.4.2　ARP 攻击应用案例

1. 利用 ARP 欺骗管理网络

网络管理员可以利用 ARP 欺骗的原理来控制局域网内主机的通信。网络管理员一般使用局域网管理软件进行局域网管理。现在局域网管理软件很多，下面以长角牛网络监控机软件为例讲解局域网的管理流程。

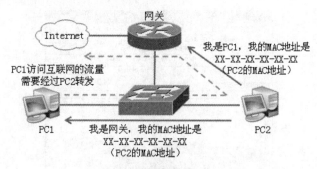

图 5.14　ARP 欺骗网关

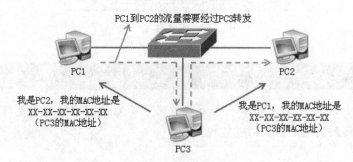

图 5.15　ARP 欺骗主机

网络管理员希望通过长角牛网络监控机软件监控局域网，使得被控主机（10.0.0.35）不能访问外网资源，但是可以和内网主机进行通信。

为了实现网络管理员的要求，在安装长角牛网络监控机软件后，需要进行如下配置。

（1）设置监控范围

1）第一次打开软件时，会弹出"设置监控范围"对话框，如图 5.16 所示。选择监控所使用的网卡。

图 5.16　监控参数选择

2）选择监控的 IP 地址段。确认扫描范围为 10.0.0.1 ～ 10.0.0.254，然后单击"添加 / 修改"按钮，单击"确定"按钮即可，如图 5.17 所示。

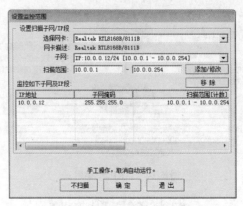

图 5.17　选定监控网段

 注意

　　指定的 IP 地址范围不一定是监控网卡所处的网段，只要是监控主机可以访问到的局域网段均可监控。

（2）进行网络管理

1）进入软件的主界面后，软件将自动扫描指定 IP 网段范围内的主机，并以列表的形式显示这些主机的 MAC 地址、IP 地址、主机名称、主机状态等，如图 5.18 所示。

图 5.18　软件扫描结果

2）右击需要管理的主机，在弹出的快捷菜单中选择"手工管理"，弹出如图 5.19 所示的"手工管理"对话框。

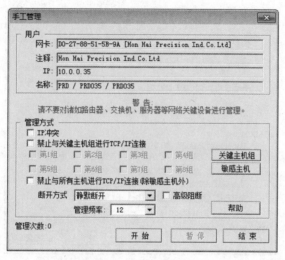

图 5.19　"手工管理"对话框

对主机的管理方式有三种，分别如下：

● IP 冲突。如果选择此项，被控主机屏幕的右下角将会提示 IP 冲突。

● 禁止与关键主机组进行 TCP/IP 连接。如果选择此项，被控主机将无法访问关键主机组中的成员。

● 禁止与所有主机进行 TCP/IP 连接。如果选择此项，被控主机将和所有主机失去连接。

3）设置关键主机组。

单击图 5.19 中"关键主机组"按钮，在弹出的对话框中填写 10.0.0.178（网关 IP 地址），如图 5.20 所示，然后单击"全部保存"按钮。

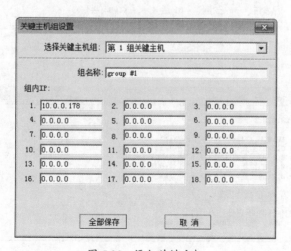

图 5.20　添加关键主机

如图 5.21 所示，勾选"第 1 组"之后任意给定一个管理频率，断开方式选择"单向断开"，单击"开始"按钮。

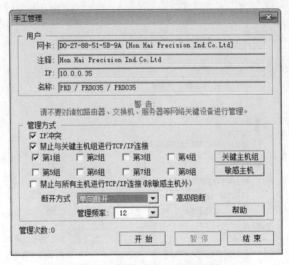

图 5.21　选择设置好的关键主机组

（3）验证效果

此时在被控主机上通过"ping"命令测试结果，可以看到无法 ping 通网关，但可以 ping 通其他主机（10.0.0.2），如图 5.22 和图 5.23 所示。

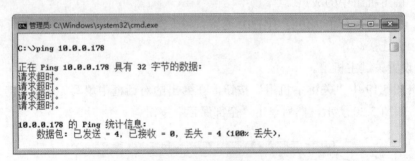

图 5.22　测试结果（1）

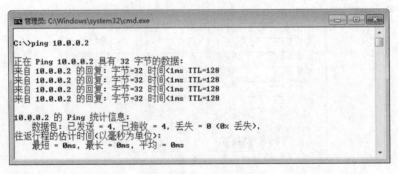

图 5.23　测试结果（2）

请思考：

软件限制 10.0.0.35 主机与外网通信是怎样实现的（ARP 攻击）？

本章总结

- IP 数据包头最短为 20 字节，但其长度是可变的，具体长度取决于可选项字段的长度。
- 在网络中，ICMP 协议的使用是靠各种命令来实现的，例如 ping 命令。
- ARP 协议的基本功能是负责将一个已知的 IP 地址解析成 MAC 地址，以便在交换机上通过 MAC 地址进行通信。
- 无论是 ARP 攻击还是 ARP 欺骗，它们都是通过伪造 ARP 应答来实现的。

本章作业

1. 假设交换机上连接着两台主机，A 主机的 IP 地址为 192.168.1.2/24，B 主机的 IP 地址为 192.168.2.1/24。小张认为，A 主机要和 B 主机通信，一定先发送 ARP 请求报文给 B 主机，然后 B 主机回复，那么在两台主机的 ARP 缓存中都会存有对方 IP 地址和 MAC 地址的对应关系。因此双方应该可以通信。

请根据 ARP 协议原理，说明小张的分析错在哪里。

2. 当使用长角牛网络监控机软件限制某台主机上网时，主机的 MAC 地址被更改后，长角牛网络监控机软件能否继续控制这台主机？测试并说明理由。

3. 用课工场 APP 扫一扫，完成在线测试，快来挑战吧！

随手笔记

第6章

静态路由原理与配置

技能目标

- 理解路由的原理
- 学会配置静态路由和默认路由

本章导读

本章是大家真正意义上接触路由的开始,路由器将根据数据报文的三层信息转发数据。本章我们将学习路由的概念、路由表的概念,如何手动配置路由,即静态路由和默认路由的配置。本章学习的关键不仅在于配置,而且在于理解,相信大家通过本章的学习可以对"路由"有深一层的认识。

知识服务

```
                          路由器的工作原理
            路由原理
                          路由表的形成

                                    静态路由
   第6章       静态路由和默认路由        默认路由
                                    路由器转发数据包的封装过程

                                    静态路由配置命令
            静态路由和默认路由的配置
                                    静态路由的故障案例
```

6.1   路由原理

路由器工作在 OSI 参考模型的网络层，它的重要作用是为数据包选择最佳路径，最终送达目的地。那么路由器是怎样选择路径的呢？

在只有一个网段的网络中，数据包可以很容易地从源主机到达目标主机。但如果一台计算机要和非本网段的计算机通信，数据包可能就要经过很多路由器。如图6.1所示，主机 A 和主机 B 所在的网段被许多路由器隔开，这时主机 A 与主机 B 的通信就要经过这些中间路由器，这就要面临一个很重要的问题——如何选择到达目的地的路径。数据包从主机 A 到达主机 B 有很多条路径可供选择，但是很显然，这些路径中在某一时刻总会有一条路径是最好（最快）的。因此，为了尽可能地提高网络访问速度，就需要有一种方法来判断从源主机到达目标主机所经过的最佳路径，从而进行数据转发，这就是路由技术。

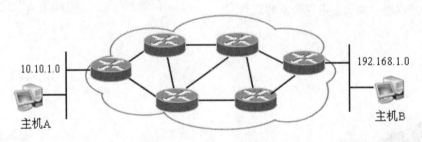

10.10.1.0   192.168.1.0

主机A   主机B

图 6.1   路由器连接不同网段

6.1.1   路由器的工作原理

首先来看一下路由器是如何工作的。对于普通用户来说，能够接触到的只是局域网。通过在 PC 上设置默认网关就可以使局域网的计算机与 Internet 通信。其实在 PC 上所设置的默认网关就是路由器以太口的 IP 地址。如果局域网中的计算机要和外面的计算机通信，只要把请求提交给路由器的以太口即可，接下来的工作就由路由器来完成。因此可以说路由器就是互联网的中转站，网络中的数据包就是通过一个一个的路由器转发到目的网络的。

那么路由器是如何进行数据包的转发的呢？就像一个人要去某个地方，他的脑海里一定要有一张地图一样，在每个路由器的内部也有一张地图，这张地图就是路由表。在路由表中，包含该路由器掌握的所有目的网络地址，以及通过此路由器到达这些网络的最佳路径。这个最佳路径指路由器的某个接口或下一跳路由器的地址。正是由于路由表的存在，路由器才可以高效地进行数据包的转发。下面以图 6.2 所示的网络为例，介绍路由器转发数据包的过程。为了方便讨论，将网段 192.168.1.0/24 简写为 1.0，其他网段也做类似处理。

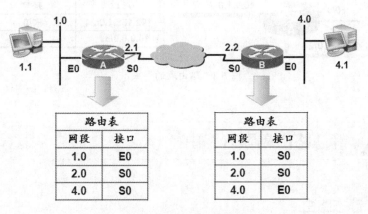

图 6.2　路由器的工作原理

（1）主机 1.1 要发送数据包给主机 4.1，因为 IP 地址不在同一网段，所以主机会将数据包发送给本网段的网关路由器 A。

（2）路由器 A 接收到数据包，先查看数据包 IP 首部中的目标 IP 地址，再查找自己的路由表。数据包的目标 IP 地址是 4.1，属于 4.0 网段，路由器 A 在路由表中查到 4.0 网段转发的接口是 S0 接口。于是，路由器 A 将数据包从 S0 接口转发出去。

（3）网络中的每个路由器都是按这样的步骤转发数据的，直到到达路由器 B，再用同样的转发方法从 E0 接口转发出去，最后主机 4.1 接收到这个数据包。

在转发数据包的过程中，如果在路由表中没有找到数据包的目的地址，则根据路由器的配置转发到默认接口或者给用户返回"目标地址不可达"的信息。

上述只是对路由器工作过程的简单描述，却是路由器最基本的工作原理。

6.1.2　路由表的形成

路由表是在路由器中维护的路由条目的集合，路由器根据路由表做路径选择。路由表是怎么形成的呢？这需要让我们从直连网段和非直连网段两方面来理解。

- 直连网段：当在路由器上配置了接口的 IP 地址，并且接口状态为"up"时，路由表中出现直连路由项。如图 6.3 所示，路由器 A 在接口 F0/0 和接口 F0/1 上分别配置了 IP 地址，并且在接口已经是"up"状态时，在路由器 A 的路由表中就会出现 192.168.1.0 和 10.0.0.0 这两个网段。

- 非直连网段：对于 20.0.0.0 这样不直接连在路由器 A 上的网段，路由器 A 应该怎么写进路由表呢？这就需要使用静态路由或动态路由来将这些网段以及如何转发写到路由表中。

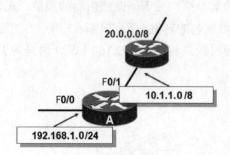

图 6.3　路由表的形成

6.2　静态路由和默认路由

6.2.1　静态路由

　　静态路由是由管理员在路由器中手动配置的固定路由。如图 6.4 所示，如果路由器 A 需要将数据转发到非直连网段 192.168.1.0，就需要在路由器 A 上添加静态路由。

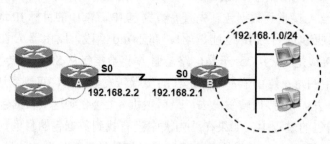

图 6.4　静态路由示意图

在路由器 A 上添加静态路由必须指明下列内容：

- 要到达的目的网络是 192.168.1.0/24。
- 与路由器 A 直连的下一个路由器 B 的接口 IP 地址或者路由器 A 的本地接口。
- 静态路由是管理员手动设置的，除非网络管理员干预，否则静态路由不会发生变化。由于静态路由需要管理员逐条写入，而且不能对网络的改变做出反应，所以一般来说，静态路由用于网络规模不大、拓扑结构相对固定的网络中。

静态路由的特点如下：

- 允许对路由的行为进行精确的控制。由于静态路由是手动配置的，因此管理员可以通过静态路由来控制数据包在网络中的流动。

- 静态路由是单向的。也就是说如果希望实现双向的通信，必须在通信双方配置双向的静态路由。例如在上例中，在路由器 A 上配置了静态路由，只是告诉路由器 A 如何到达 192.168.1.0 网段。如果路由器 B 需要将数据包转发到连接在路由器 A 上的网络，就还要在路由器 B 上配置静态路由。
- 静态路由的不足之处是缺乏灵活性。静态路由虽然能够对包通过路由器的路径对数据包进行精确控制，但同时也限制了它的灵活性。由于它是静态配置的，不能够根据网络的变化灵活改变，因此当网络拓扑更新时（如链路故障），管理员就必须重新配置该静态路由。

6.2.2　默认路由

　　默认路由是一种特殊的静态路由，是当路由表中与数据包的目的地址之间没有匹配表项时路由器做出的选择。如果没有默认路由，那么目的地址在路由表中没有匹配表项的数据包将被丢弃。

　　默认路由在有些时候会非常有效，当存在末梢网络（Stub Network）时，默认路由会大大简化路由器的配置，减轻管理员的工作负担，提高网络性能。

　　那么，什么是末梢网络呢？末梢网络是这样一种网络：只有一个唯一的路径能够到达其他网络。如图 6.4 所示的路由器 B 右侧的网络 192.168.1.0 就是一个末梢网络。这个网络中的主机要访问其他网络必须通过路由器 B 和路由器 A，没有第二条路径，这样就可以在路由器 B 上配置一条默认路由。只要是网络 192.168.1.0 中的主机要访问其他网络，这样的数据包发送到路由器 B 后，路由器 B 就会按照默认路由来转发（转发到路由器 A 的 S0 接口），而不管该数据包的目的地址到底是哪个网络。

　　另外，适当地使用默认路由还可以减小路由表的大小。网络管理员有时会这样配置路由表，即在路由表中只添加少数的静态路由，同时添加一条默认路由。这样当收到的数据包的目的网络没有包含在路由表中时，就按照默认路由来转发（当然默认路由有可能不是最好的路由）。

6.2.3　路由器转发数据包的封装过程

　　如图 6.5 所示，Host A 向 Host B 发送数据，路由器对数据包的封装过程如下。

　　（1）Host A 在网络层将来自上层的报文封装成 IP 数据包，其首部包含了源地址和目的地址。源地址即本机 IP 地址 192.168.1.2，目的地址为 Host B 的 IP 地址 192.168.2.2。Host A 会用本机配置的 24 位掩码与目的地址进行"与"运算，得出目的地址与本机地址不在同一网段，因此发往 Host B 的数据包需要经过网关路由器 A 转发。

　　（2）Host A 通过 ARP 请求获得默认网关路由器 A 的 E0 接口 MAC 地址 00-11-12-21-22-22。在数据链路层 Host A 将 IP 数据包封装成以太网数据帧，在以太网帧首部的源 MAC 地址为 00-11-12-21-11-11，目的 MAC 地址为网关 E0 接口的 MAC 地址 00-11-12-21-22-22。

（3）路由器 A 从 E0 接口接收到数据帧，把数据链路层的封装去掉。路由器 A 认为这个 IP 数据包是要通过自己进行路由转发，所以路由器 A 会查找自己的路由表，寻找与目标 IP 地址 192.168.2.2 相匹配的路由表项，然后根据路由表的下一跳地址将数据包转发到 E1 接口。

（4）在 E1 接口路由器 A 重新封装以太网帧，此时源 MAC 地址为路由器 A 的 E1 接口 MAC 地址 00-11-12-21-33-33，目的 MAC 地址为与之相连的路由器 B 的 E1 接口 MAC 地址 00-11-12-21-44-44。

（5）路由器 B 从 E1 接口接收到数据帧，同样会把数据链路层的封装去掉，对目的 IP 地址进行检查，并与路由表进行匹配，然后根据路由表的下一跳信息将数据包转发到 E0 接口。路由器 B 发现目的网段与自己的 E0 接口直接相连，通过 ARP 广播，路由器 B 获得 Host B 以太口的 MAC 地址 00-11-12-21-66-66。路由器 B 再将 IP 数据包封装成以太网帧，源 MAC 地址为路由器 B 的 E0 接口的 MAC 地址 00-11-12-21-55-55，目的 MAC 地址为 Host B 的 MAC 地址 00-11-12-21-66-66。封装完毕，将以太网帧从 E0 接口发往 Host B。

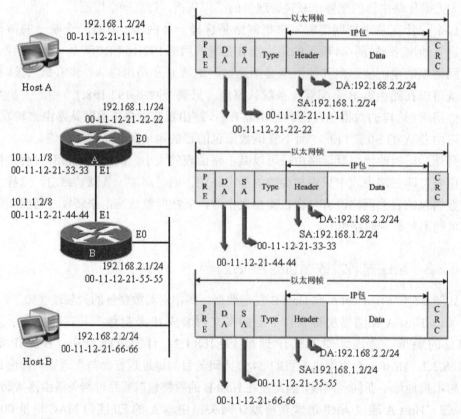

图 6.5 路由器转发数据包的封装过程

6.3 静态路由和默认路由的配置

6.3.1 静态路由配置命令

1. 配置静态路由

静态路由配置命令如下：

```
Router(config)# ip route network mask {address | interface}
```

其中各参数的含义如下：

- network：目的网络地址。
- mask：子网掩码。
- address：到达目的网络经过的下一跳路由器的接口地址。
- interface：到达目的网络的本地接口地址。

2. 配置默认路由

默认路由的配置命令格式与静态路由一样，只是在目的网络部分不同。配置命令如下：

```
Router(config)# ip route 0.0.0.0 0.0.0.0 address
```

其中各参数的含义如下：

- "0.0.0.0 0.0.0.0"：代表任何网络，也就是说发往任何网络的数据包都转发到命令指定的下一个路由器接口地址。
- address：到达目的网段经过的下一跳路由器的接口地址。

3. 配置命令应用

下面通过一个简单的案例来应用上述配置命令，如图 6.6 所示，两台路由器 R1、R2 互联，且分别与两台主机相连，现在通过对路由器的配置来实现整个网络互通。

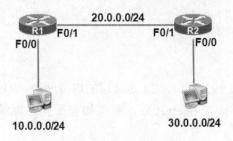

图 6.6 静态路由配置拓扑

初学者常容易犯的错误是，认为无须任何配置就能够实现互通。针对这种认识，我们首先来分析一下：假设两台主机互相访问，左面的主机发送的数据报文目标地址应为 30.0.0.0/24，当 R1 收到这样的数据报文后会查看自己的路由表中是否存在这样的条目，由于我们事先没有做任何路由配置，所以路由表中只有直连路由而没有 30.0.0.0 条目，路由器会丢弃该数据报文。

配置静态路由是为了让路由器知道 30.0.0.0 的存在，并且知道如何到达，具体配置如下：

```
R1(config)#ip route 30.0.0.0 255.255.255.0 20.0.0.2
```

其中 30.0.0.0 255.255.255.0 是目标地址，20.0.0.2 是下一跳地址。当在 R1 上完成上述配置后，两台主机就可以互通了吗？当然不能，因为 R2 还不知道如何到达 10.0.0.0 网段，因此还需要进行如下配置：

```
R2(config)#ip route 10.0.0.0 255.255.255.0 20.0.0.1
```

这样就可以实现全网互通了。所谓全网互通就是拓扑中任意两节点之间可以通信，这需要拓扑中任意一台路由器拥有任意网段的路由条目。

之后我们可以通过"show ip route"命令来查看 R1 的路由表。

```
R1# show ip route
Codes: C - connected, S - static, R - RIP, M - mobile, B - BGP
       D - EIGRP, EX - EIGRP external, O - OSPF, IA - OSPF inter area
       N1 - OSPF NSSA external type 1, N2 - OSPF NSSA external type 2
       E1 - OSPF external type 1, E2 - OSPF external type 2
       i - IS-IS, su - IS-IS summary, L1 - IS-IS level-1, L2 - IS-IS level-2
       ia - -IS inter area, * - candidate default, U - per-user static route
       o - ODR, P - periodic downloaded static route

Gateway of last resort is not set

     10.0.0.0/24 is subnetted, 1 subnets
C       10.0.0.0 is directly connected, FastEthernet0/0
     20.0.0.0/24 is subnetted, 1 subnets
C       20.0.0.0 is directly connected, FastEthernet0/1
     30.0.0.0/24 is subnetted, 1 subnets
S       30.0.0.0 [1/0] via 20.0.0.1
```

4．配置实例

如图 6.7 所示，假设 192.168.1.0/24 是公司的内网网段，R1 是公司的网关路由器，R2 是 ISP 的接入设备，连接 Internet 后，应该如何配置才能满足公司访问 Internet 的需求呢？

```
R1(config)#ip route 0.0.0.0 0.0.0.0 200.0.0.2
R2(config)#ip route 192.168.1.0 255.255.255.0 200.0.0.1
```

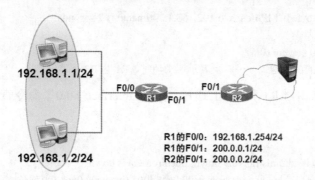

图 6.7　配置实例拓扑图

Internet 网络中包括各种路由条目，因此应该选用默认路由进行配置，无论数据报文的 IP 地址是什么，都可以从 R1 路由器转发出去。而 R2 路由器的目标网络相当明确，就是内网的 192.168.1.0 网段，因此配置静态路由即可。

上述情况只是一个路由实例，实际情况远没有这么简单，因为公司内网一般使用的是私有 IP 地址，需要通过 NAT 技术转换成公网 IP 地址。

6.3.2　静态路由的故障案例

在配置路由的过程中，会遇到很多网络故障。引起网络故障的原因有很多，可能会是设备之间连接线缆的问题、IP 地址配置的问题或静态路由配置的问题等。

对网络进行排错的时候要分层、分段检查。分层检查可以首先从物理层检查，即通过查看端口状态来排除接口、线缆等的问题，然后再查看 IP 地址和路由等的配置是否正确。分段检查是将网络划分成多个小段，逐段排除错误。这种排错方法对于大型的、拓扑较复杂的网络较适用。下面介绍两个具体的案例，来说明如何进行故障排查。

1．故障案例一

如图 6.8 所示，网络管理员测试发现 R1 和 R2 之间无法 ping 通，应该按照何种顺序一步步排查，最终找到故障的原因呢？

图 6.8　故障排查拓扑图（1）

（1）排除物理故障

1）在 R1 上通过 ping 命令测试两台路由器的连通性，命令如下：

```
R1# ping 192.168.1.2
Type escape sequence to abort.
```

Sending 5, 100-byte ICMP Echos to 192.168.1.2, timeout is 2 seconds:

······

Success rate is 0 percent (0/5)

ping 命令返回的内容是"······"，表示请求超时，R1 与 R2 不能通信。

2）分别在路由器 R1 和 R2 上通过"show interface F0/0"命令查看接口状态。命令如下：

```
R1# sh int F0/0
FastEthernet0/0 is administratively down, line protocol is down
  Hardware is Fast Ethernet, address is cc00.06c8.f007 (bia cc00.06c8.f007)
  MTU 1500 bytes, BW 100000 Kbit, DLY 100 usec,
    reliability 255/255, txload 1/255, rxload 1/255
```

R1 的 F0/0 接口是 administratively（管理上）的 down 状态，说明 F0/0 接口忘记打开或被人为关闭了，需要使用"no shutdown"命令将其打开。命令如下：

```
R2# sh int F0/0
FastEthernet0/0 is down, line protocol is down
  Hardware is Fast Ethernet, address is cc00.06c8.f008 (bia cc00.06c8.f008)
  MTU 1500 bytes, BW 100000 Kbit, DLY 100 usec,
    reliability 255/255, txload 1/255, rxload 1/255
```

R2 的 F0/0 接口是 down 状态，说明 F0/0 接口或物理线路有问题。

3）经检查发现连接 R2 的 F0/0 接口的水晶头有虚接现象，重新做好水晶头，再次查看接口状态。命令如下：

```
R2# sh int F0/0
FastEthernet0/0 is up, line protocol is up
  Hardware is Fast Ethernet, address is cc00.06c5.f008 (bia cc00.06c5.f008)
  MTU 1500 bytes, BW 100000 Kbit, DLY 100 usec,
    reliability 255/255, txload 1/255, rxload 1/255
```

R2 的 F0/0 接口变为 up 状态，说明 F0/0 接口状态正常。

（2）排除 IP 地址故障

1）通过 ping 命令测试两台路由器的连通性，命令如下：

```
R1# ping 192.168.1.2
Type escape sequence to abort.
Sending 5, 100-byte ICMP Echos to 192.168.1.2, timeout is 2 seconds:
······
Success rate is 0 percent (0/5)
```

2）分别查看 R1 和 R2 的接口 IP 地址，发现 R2 的 F0/0 接口的地址配置错误，命令如下：

```
R2# sh ip int brief
Interface        IP-Address    OK? Method  Status    Protocol
FastEthernet0/0  192.168.2.1   YES manual  up          up
```

FastEthernet0/1 unassigned   YES unset down   down
--More--

R2 的 F0/0 接口的地址 192.168.2.1/24 和 R1 的 F0/0 接口的地址 192.168.1.1/24 不在同一网段，所以无法 ping 通。

3）更改接口 IP 地址，命令如下：

R2(config)# default int F0/0   // 使用 default 命令恢复接口默认配置
R2(config)# int F0/0
R2(config-if)# ip add 192.168.1.2 255.255.255.0
R2(config-if)# no shut

4）再次通过 ping 命令测试两台路由器的连通性，命令如下：

R1# ping 192.168.1.2
Type escape sequence to abort.
Sending 5, 100-byte ICMP Echos to 192.168.1.2, timeout is 2 seconds:
!!!!!
Success rate is 100 percent (5/5)

2. 故障案例二

如图 6.9 所示，路由器 R1 是分公司的网关路由器，路由器 R2 是总公司的网关路由器。通过静态路由技术实现分公司的网络 192.168.10.0/24 与总公司的网络 192.168.20.0/24 互通。

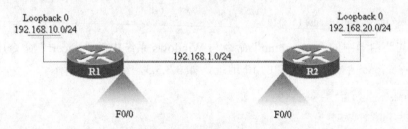

图 6.9　故障排查拓扑图（2）

在配置过程中，总公司的网络管理员小张提出如下两个建议。

● 只要在 R1 上配置默认路由就可以将分公司的数据包转发到总公司，所以没有必要再配置总公司的路由器了。

● 在总公司的路由器上也配置默认路由。

你认为这样部署默认路由可以吗？

R2(config)# ip route 0.0.0.0 0.0.0.0 192.168.1.1

Step 1 配置 IP 地址实现 R1 和 R2 两台路由器互通。

R1# ping 192.168.1.2
Type escape sequence to abort.
Sending 5, 100-byte ICMP Echos to 192.168.1.2, timeout is 2 seconds:

```
!!!!!
Success rate is 100 percent (5/5)
```

Step ② 只在 R1 上配置默认路由，并通过扩展 ping 命令测试总公司和分公司网络的互通性。

（1）配置默认路由。

```
R1(config)# ip route 0.0.0.0 0.0.0.0 192.168.1.2
```

（2）连通性测试。

```
R1# ping 192.168.20.1 source 192.168.10.1
Type escape sequence to abort.
Sending 5, 100-byte ICMP Echos to 192.168.1.2, timeout is 2 seconds:
......
Success rate is 0 percent (0/5)
```

Step ③ 在 R2 上配置默认路由，并通过 ping 命令、traceroute 命令测试结果。

（1）配置默认路由。

```
R2(config)# ip route 0.0.0.0 0.0.0.0 192.168.1.1
```

（2）连通性测试。

```
R2# ping 192.168.10.1 source 192.168.20.1
Type escape sequence to abort.
Sending 5, 100-byte ICMP Echos to 192.168.1.2, timeout is 2 seconds:
!!!!!
Success rate is 100 percent (5/5)
```

（3）路由器中的"traceroute"命令与 Windows 系统中的"tracert"命令用法相同。即 traceroute 后跟一个未知的 IP 地址，如 3.3.3.3，结果如下所示。

```
R2# traceroute 3.3.3.3 source 192.168.20.1
Type escape sequence to abort.
Tracing the route to 3.3.3.3
 1  192.168.1.1   104 msec 124 msec 144 msec
 2  192.168.1.2   32 msec 36 msec 60 msec
 3  192.168.1.1   52 msec 164 msec 108 msec
 4  192.168.1.2   160 msec 76 msec 64 msec
 5  192.168.1.1   140 msec 92 msec 140 msec
 6  192.168.1.2   184 msec 132 msec 76 msec
 7  192.168.1.1   220 msec 156 msec 156 msec
 8  192.168.1.2   268 msec 156 msec 124 msec
 9  192.168.1.1   280 msec 216 msec 160 msec
10  192.168.1.2   296 msec 172 msec 188 msec
   ......
```

Step ④ 将 R2 上的默认路由改成静态路由。

（1）删除 R2 上的默认路由。

```
R2(config)# no ip route 0.0.0.0 0.0.0.0 192.168.1.1
```

（2）配置明确的静态路由，并再次通过 traceroute 命令测试。

```
R2(config)# ip route 192.168.10.0 255.255.255.0 192.168.1.1
R2# traceroute 3.3.3.3 source 2.2.2.2
Type escape sequence to abort.
Tracing the route to 3.3.3.3
  1 * * *
  2 * * *
  ……
```

发现路由环路已经不存在了。

请思考

上述案例中，为什么会产生路由环路？路由环路有什么危害？

本章总结

- 路由器工作在 OSI 参考模型的网络层，它的重要作用是为数据包选择最佳路径，最终送达目的地。路由表是在路由器中维护的路由条目的集合，路由器根据路由表做路径选择。

- 静态路由是单向的，也就是说如果希望实现双方的通信，必须在通信双方配置双向的静态路由。

- 默认路由是一种特殊的静态路由，是当路由表中没有与数据包的目的地址相匹配的表项时路由器能够做出的选择。如果没有默认路由，那么目的地址在路由表中没有匹配表项的数据包将被丢弃。

- 在配置路由的过程中，对网络排错时要分层、分段检查。分层检查可以首先从物理层检查，分段检查则将网络划分成多个小段，逐段排除错误。

本章作业

1. 如图 6.10 所示，Host A 向 Host B 发送数据包，请描述路由器转发数据包的封装过程。

2. 如图 6.11 所示，配置实现 192.168.20.0/24 和 192.168.30.0/24 网段间的互相通信，且数据传输实现负载均衡。

3. 如图 6.12 所示，三台路由器 R1、R2、R3 分别直连三个网段 1.0.0.0/8、2.0.0.0/8、3.0.0.0/8，且每台路由器上都配置了默认路由，指向顺时针方向的相邻路由器（R1 → R3，R2 → R1，R3 → R2）。

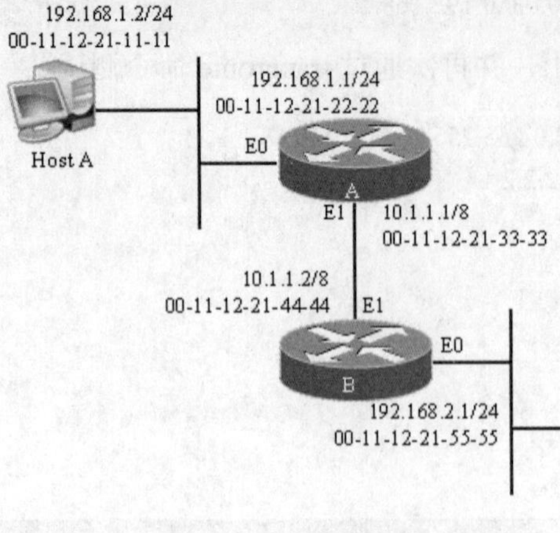

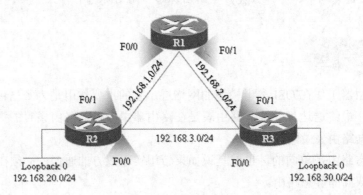

图 6.10 作业 1 拓扑图

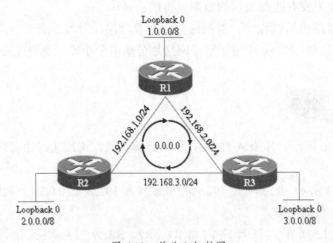

图 6.11 作业 2 拓扑图

图 6.12 作业 3 拓扑图

请问：

- 路由器 R1 直连的客户端能否 ping 通路由器 R2、R3 的客户端？
- 这个网络有可能产生环路吗？当路由器访问哪些地址时产生环路？

4. 用课工场 APP 扫一扫，完成在线测试，快来挑战吧！

随手笔记

第7章

VLAN 与三层交换机

技能目标

- 掌握 VLAN 与 Trunk 的原理及配置
- 理解 VLAN 虚接口
- 掌握三层交换机的基本配置

本章导读

随着网络规模的不断扩大，接入的主机和设备越来越多，网络中的广播流量也随之加大。这样就加重了交换机的负担，甚至可能导致交换机死机，那么有没有一种方法来分割交换机上的广播域呢？本章将要讲解的 VLAN（Virtual Local Area Network，虚拟局域网）技术，可以从逻辑上将一个大的网络划分成若干小的虚拟局域网。本章还会讲解如何使用三层交换实现 VLAN 间路由。

知识服务

```
                                                        VLAN的概念及优势
                                    VLAN概述              静态VLAN
                                                        静态VLAN的配置
            第7章
                                                        Trunk概述
                                    VLAN Trunk
                                                        Trunk的配置
                                    理解三层交换
                                    三层交换配置
```

7.1 VLAN 概述

7.1.1 VLAN 的概念及优势

在传统的交换式以太网中，所有的用户都在同一个广播域中，当网络规模较大时，广播包的数量会急剧增加，当广播包的数量占到总量的 30% 时，网络的传输效率将会明显下降。特别是当某个网络设备出现故障后，就会不停地向网络发送广播，从而导致广播风暴，使网络通信陷于瘫痪。那么，应该怎样解决这个问题呢？

我们可以使用分隔广播域的方法来解决这个，分隔广播域有两种方法。

- 物理分隔。将网络从物理上划分为若干个小网络，然后使用能隔离广播的路由设备将不同的网络连接起来实现通信。

- 逻辑分隔。将网络从逻辑上划分为若干个小的虚拟网络，即 VLAN（Virtual Local Area Network，虚拟局域网）。VLAN 工作在 OSI 参考模型的数据链路层，一个 VLAN 就是一个交换网络，其中的所有用户都在同一个广播域中，各 VLAN 通过路由设备的连接实现通信。

物理分隔有很多缺点，它会使得局域网的设计缺乏灵活性。例如，连接在同一台交换机上的用户只能划分在同一个网络中，而不能划分在多个不同的网络中。

VLAN 的产生给局域网的设计增加了灵活性，使得网络管理员在划分工作组时，不再受限于用户所处的物理位置。VLAN 可以在一个交换机上实现，也可以跨交换机实现。它可以根据网络用户的位置、作用或部门等进行划分，如图 7.1 所示。

VLAN 具有灵活性和可扩展性等特点，使用 VLAN 技术有以下好处。

1. 控制广播

每个 VLAN 都是一个独立的广播域，这样就减少了广播对网络带宽的占用，提高了网络传输效率，并且一个 VLAN 出现广播风暴不会影响到其他的 VLAN。

2. 增强网络安全性

由于只能在同一 VLAN 内的端口之间交换数据，不同 VLAN 的端口之间不能直接访问，因此通过划分 VLAN 可以限制个别主机访问服务器等资源，提高网络的安全性。

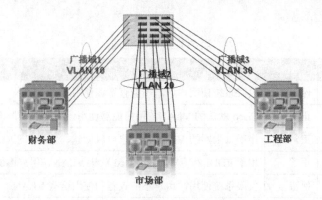

图 7.1　VLAN 的划分

3. 简化网络管理

对于交换式以太网，如果对某些用户重新进行网段分配，需要网络管理员对网络系统的物理结构进行调整，甚至需要追加网络设备，这样会增大网络管理的工作量。而对采用 VLAN 技术的网络来说，一个 VLAN 可以根据部门职能、对象组或者应用将不同地理位置的用户划分为一个逻辑网段，在不改动网络物理连接的情况下可以任意地将工作站在工作组或子网之间移动。利用 VLAN 技术，大大减轻了网络管理和维护工作的负担，降低了网络维护的费用。

7.1.2　静态 VLAN

静态 VLAN 也称基于端口的 VLAN，是目前最常见的 VLAN 实现方式。

静态 VLAN 即明确指定交换机的端口属于哪个 VLAN，这需要网络管理员手动配置。当用户主机连接到交换机端口上时，就被分配到了对应的 VLAN 中，如图 7.2 所示。

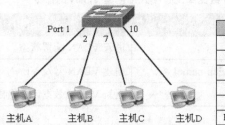

VLAN表	
端口	所属VLAN
Port 1	VLAN 5
Port 2	VLAN 10
……	……
Port 7	VLAN 5
……	……
Port 10	VLAN 10

图 7.2　基于端口的 VLAN 使用

这种端口和 VLAN 的映射只在本地有效，而交换机之间不能共享这一信息。

7.1.3　静态 VLAN 的配置

1. VLAN 的范围

Cisco Catalyst 交换机最多能够支持 4096 个 VLAN，表 7-1 列出了 Catalyst 交换机

中 VLAN 的分配情况。

表 7-1　VLAN 范围

VLAN 的 ID 范围	范围	用途
0、4095	保留	仅限系统使用，用户不能查看和使用这些 VLAN
1	正常	Cisco 默认的 VLAN，用户能够使用该 VLAN，但不能删除它
2 ～ 1001	正常	用于以太网的 VLAN，用户可以创建、使用和删除这些 VLAN
1002 ～ 1005	正常	用于 FDDI 和令牌环的 Cisco 默认 VLAN，用户不能删除这些 VLAN
1006 ～ 1024	保留	仅限系统使用，用户不能查看和使用这些 VLAN
1025 ～ 4094	扩展	仅用于以太网 VLAN

所有的 Catalyst 交换机都支持 VLAN，不同型号的交换机支持的 VLAN 数目不同。例如，Catalyst 2960 最多能够支持 255 个 VLAN，而 Catalyst 3560 最多能够支持 1024 个 VLAN。

2．VLAN 基本配置

在交换机上配置基于端口的 VLAN 时，步骤如下：

（1）创建 VLAN。

（2）将交换机的端口加入到相应的 VLAN 中。

（3）验证 VLAN 的配置。

下面来说明具体的配置命令。

（1）创建 VLAN

在 Cisco IOS 中创建 VLAN 有两种方法。

- VLAN 数据库配置模式。此模式只支持 VLAN 正常范围（1 ～ 1005）。表 7-2 列出了 VLAN 数据库配置模式下创建 VLAN 的命令。

表 7-2　VLAN 数据库配置模式下创建 VLAN 的命令

步骤	命令	目的
第 1 步	vlan database	进入 VLAN 配置状态
第 2 步	vlan vlan-id [name vlan-name]	创建 VLAN 号及 VLAN 名（可选）
第 3 步	exit	更新 VLAN 数据库并退出

例如，创建 ID 为 20、名称为 test20 的 VLAN，其执行过程如下：

```
Switch# vlan database
Switch(vlan)# vlan 20 name test20
Switch(vlan)# exit
APPLY completed.
Exiting……
```

- 全局配置模式。Cisco 推荐使用全局配置模式来定义 VLAN，此模式不仅支持 VLAN 正常范围，而且可以配置 VLAN 数据库配置模式不能配置的扩展范围的 VLAN。表 7-3 列出了在全局配置模式下创建 VLAN 的命令。

表 7-3　在全局配置模式下创建 VLAN 的命令

步骤	命令	目的
第 1 步	configure terminal	进入配置状态
第 2 步	vlan vlan-id	输入一个 VLAN 号，进入 VLAN 配置状态
第 3 步（可选）	name vlan-name	输入一个 VLAN 名。如果没有配置 VLAN 名，默认名称是 VLAN 号前加 0 填满的四位数，如 VLAN0004 是 VLAN4 的默认名称
第 4 步	exit 或 end	退出

例如，创建 ID 为 20、名称为 test20 的 VLAN，其执行过程如下：

```
Switch# configure terminal
Switch(config)# vlan 20
Switch(config-vlan)# name test20
Switch(config-vlan)# exit
```

要删除 ID 为 20 的 VLAN，需要使用"no vlan vlan-id"命令。其执行过程如下。

```
Switch# configure terminal
Switch(config)# no vlan 20
```

也可以在 VLAN 数据库中删除 VLAN，其执行过程如下：

```
Switch# vlan database
Switch(vlan)# no vlan 20
Switch(vlan)# exit
```

（2）将交换机的端口加入到相应的 VLAN 中

表 7-4 列出了将一个交换机的端口分配到已定义好的 VLAN 中的步骤。

表 7-4　将端口分配到 VLAN 中的命令

步骤	命令	目的
第 1 步	configure terminal	进入配置状态
第 2 步	interface interface-id	进入要分配的端口
第 3 步	switchport mode access	定义二层端口的模式
第 4 步	switchport access vlan vlan-id	把端口分配给某个 VLAN
第 5 步	exit 或 end	退出

例如，将端口 fastethernet0/1 分配到 VLAN 2，其执行过程如下：

```
Switch# configure terminal
Switch(config)# interface fastethernet0/1
Switch(config-if)# switchport mode access
```

```
Switch(config-if)# switchport access vlan 2
Switch(config-if)# exit
```

可以使用命令"Switch(config)# default interface interface-id"还原接口到默认配置状态。

（3）验证 VLAN 的配置

查看 VLAN 信息的命令如下：

```
Switch# show vlan brief
```

查看某个 VLAN 信息的命令如下：

```
Switch# show vlan id vlan-id
```

3. VLAN 配置实例

在一台 Catalyst 2960 交换机上创建 VLAN 10、VLAN 20 和 VLAN 30，给 VLAN 30 命名为 caiwu，并将交换机的端口 5 ～ 10 添加到 VLAN 10 中，将交换机的端口 11 ～ 15 添加到 VLAN 20 中，将交换机的端口 16 ～ 20 添加到 VLAN 30 中。其配置命令如下：

```
Switch#config terminal
Switch(config)#vlan 10,20
Switch(config-vlan)#exit
Switch(config)#vlan 30
Switch(config-vlan)#name caiwu
Switch(config-vlan)#exit

Switch(config)#interface range f0/5 – 10
Switch(config-if-range)#switchport mode access
Switch(config-if-range)#switchport access vlan 10
Switch(config-if-range)#exit

Switch(config)#interface range f0/11 – 15
Switch(config-if-range)#switchport mode access
Switch(config-if-range)#switchport access vlan 20
Switch(config-if-range)#exit

Switch(config)#interface range f0/16 – 20
Switch(config-if-range)#switchport mode access
Switch(config-if-range)#switchport access vlan 30
Switch(config-if-range)#end
```

查看 VLAN 信息，结果如下：

```
Switch#show vlan brief
VLAN Name                Status        Ports
-------------------      --------      ------------------------------
1    default             active        Fa0/1, Fa0/2, Fa0/3, Fa0/4
                                       Fa0/21, Fa0/22,Fa0/23, Fa0/24
```

10	VLAN0010	active	Fa0/5, Fa0/6, Fa0/7, Fa0/8
			Fa0/9, Fa0/10
20	VLAN0020	active	Fa0/11, Fa0/12, Fa0/13, Fa0/14
			Fa0/15
30	caiwu	active	Fa0/16, Fa0/17, Fa0/18,Fa0/19
			Fa0/20
1002	fddi-default	act/unsup	
1003	token-ring-default	act/unsup	
1004	fddinet-default	act/unsup	
1005	trnet-default	act/unsup	

7.2　VLAN Trunk

通过前面的学习，大家已经能够在交换机上划分 VLAN 了。但是当网络中有多台交换机时，位于不同交换机上的相同 VLAN 的主机之间是如何通信的呢？这就是本节要解决的问题，即跨交换机的 VLAN 通信。

7.2.1　Trunk 概述

1. Trunk 的作用

如图 7.3 所示，在两台交换机 SW1 和 SW2 上分别创建了 VLAN 10、VLAN 20 和 VLAN 30。那么，如何才能让连接在不同交换机上的相同 VLAN 的主机通信呢？

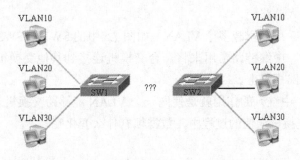

图 7.3　跨交换机的 VLAN 如何通信

如果为每个 VLAN 都连接一条物理链路，如图 7.4 所示，那么两台交换机之间有几个 VLAN 通信，就需要在两台交换机之间连接几条物理链路。

这种连接方式的扩展性有很大的问题，即随着 VLAN 数量的增加，就需要在两台交换机之间连接多条物理链路，从而会占用很多个交换机端口，这显然是不可取的。

类似现实生活中运送货物的例子，为了使货物在到达目的地后能被正确地区分开，通常的做法是在货物上贴上不同的标签。那么在 VLAN 中，由于不同 VLAN 的 VLAN 号不同，实际上可以只使用一条中继链路，将属于不同 VLAN 的数据帧打上不同的标识即可，如图 7.5 所示。

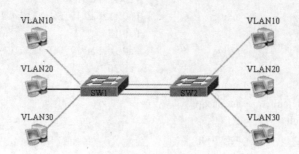

图 7.4　使用多条物理链路连接多个 VLAN

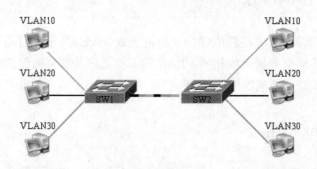

图 7.5　使用一条中继链路连接多个 VLAN

在交换网络中，有两种类型链路：接入链路和中继链路。

- 接入链路：通常属于一个 VLAN。如图 7.5 中的主机与交换机之间连接的链路就是接入链路。
- 中继链路：可以承载多个 VLAN。如图 7.5 中的 SW1 与 SW2 之间的链路就是中继链路。中继链路常用来将一台交换机连接到其他交换机上，或者将交换机连接到路由器上。

Trunk（干道、中继）的作用就是使同一个 VLAN 能够跨交换机通信。如图 7.6 所示，在 VLAN 跨交换机通信的过程中，数据帧有什么变化呢？

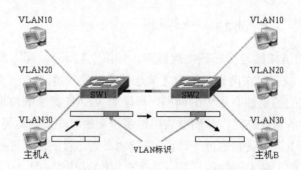

图 7.6　数据帧通过中继链路时的标记过程

（1）当 VLAN 30 中的主机 A 发送数据帧给主机 B 时，主机 A 发送的数据帧是普通的数据帧。

（2）交换机 SW1 接收到数据帧，知道这个数据帧来自 VLAN 30 且要转发给交换机 SW2，于是就会在数据帧中打上 VLAN 30 的标识，然后发送给交换机 SW2。

（3）交换机 SW2 接收到带有 VLAN 30 标识的数据帧后，根据目标 MAC 地址，得知数据帧是发送给主机 B 的，就删除 VLAN 标识还原为普通数据帧，然后转发给主机 B。

2．VLAN 的标识

802.1q 规定了公有的标记方法，其他厂商的产品也支持这种标记方法。链路双方的设备要使用相同的标记方法。例如，如果 Cisco 交换机与其他厂商的交换机互联，就要使用标准的 802.1q 协议。

下面重点介绍 IEEE 802.1q 的工作原理和帧格式。

802.1q 使用了一种内部标记机制。中继设备将四字节的标记插入到数据帧内，并重新计算 FCS（Frame Check Sequencl，帧校验序列）。

如图 7.7 所示，采用 802.1q 的帧标识在标准以太网帧内插入了四字节。

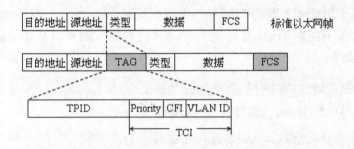

图 7.7　采用 802.1q 的帧标识

这个四字节的标记头包含以下内容。

（1）2 字节标记协议标识符（TPID）包含一个 0x8100 的固定值，这个特定的 TPID 值指明了该帧带有 802.1q 的标记信息。

（2）2 字节标记控制信息（TCI）包含了下面的元素。

1）3 位的用户优先级（Priority）：802.1q 不使用该字段。

2）1 位的规范格式标识符（CFI）：CFI 常用于以太网和令牌环网。在以太网中，CFI 的值通常设置为 0。

3）12 位 VLAN 标识符（VLAN ID）：该字段唯一标识了帧所属的 VLAN。VLAN ID 可以唯一地标识 4096 个 VLAN，但 VLAN 0 和 VLAN 4095 是被保留的。

如图 7.8 所示是实际抓到的 802.1q 封装的数据帧，其 VLAN ID 为 2。

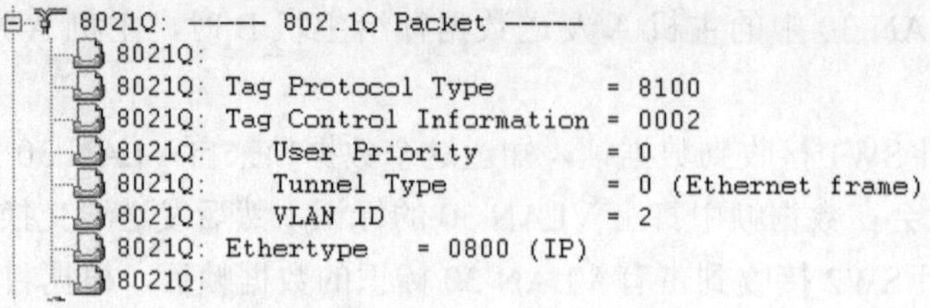

```
白 8021Q: ----- 802.1Q Packet -----
    8021Q:
    8021Q: Tag Protocol Type     = 8100
    8021Q: Tag Control Information = 0002
    8021Q:    User Priority      = 0
    8021Q:    Tunnel Type        = 0 (Ethernet frame)
    8021Q:    VLAN ID            = 2
    8021Q: Ethertype  = 0800 (IP)
    8021Q:
```

图 7.8 802.1q 封装的数据帧

7.2.2 Trunk 的配置

Trunk 的配置步骤与命令如下所述。

（1）进入接口配置模式，命令如下：

Switch(config)#interface {FastEthernet | GigabitEthernet} slot/port

（2）选择封装类型，命令如下：

Switch(config-if)#switchport trunk encapsulation {isl | dot1q | negotiate}

（3）将接口配置为 Trunk，命令如下：

Switch(config-if)#switchport mode {dynamic {desirable | auto} | trunk}

另外，如果不需要 Trunk 传送某个 VLAN 的数据，则可以从 Trunk 中删除这个 VLAN，命令如下：

Switch(config-if)#switchport trunk allowed vlan remove vlan-id

同样，也可以在 Trunk 上添加某个 VLAN，命令如下：

Switch(config-if)#switchport trunk allowed vlan add vlan-id

使用"show"命令验证接口模式，命令如下：

Switch#show interface interface-id switchport

7.3 理解三层交换

理解三层交换首先需要了解"虚接口"机制。那么，什么是"虚接口"呢？

1. 二层交换机的虚接口

我们知道，路由器的物理接口上可以配置 IP 地址，那么，二层交换机是否可以？答案是肯定的，配置如下：

sw1(config)# interface vlan 1
sw1(config-if)# ip address 192.168.1.10 255.255.255.0
sw1(config-if)# no shutdown

二层交换机配置 IP 地址后，就可以远程管理了。无论从哪个物理接口连接，只要该接口可以正常通信且属于 VLAN 1（默认情况所有接口都属于 VLAN 1），都可以远程访问管理交换机。

这里的 interface vlan 1 实际上就是一个虚接口，只要在交换机上"开启"虚接口，并配置 IP 地址，外部主机就可以通过属于该 VLAN 的物理接口访问它，如图 7.9 所示。

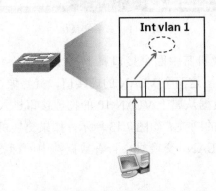

图 7.9　二层交换机的虚接口（1）

如图 7.10 所示，如果二层交换机上有两个 VLAN，它们之间可以互相访问吗？

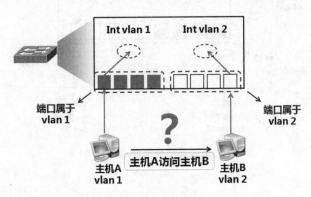

图 7.10　二层交换机的虚接口（2）

2. 三层交换机

三层交换机通过硬件来交换和路由选择数据包。为了在硬件中处理数据包的高层信息，Cisco Catalyst 交换机使用传统的 MLS（Multilayer Switching，多层交换）体系结构或基于 CEF（Cisco Express Forwarding，Cisco 快速转发）的 MLS 体系结构。传统的 MLS 是一种老式结构，而所有新型的 Catalyst 交换机都支持 CEF 多层交换。三层交换机的转发原理本章暂不做详细介绍，简单来说三层交换就等于是二层交换加上三层转发，如图 7.11 所示。

3. 三层交换机的虚接口

三层交换机具备路由功能，所以两个 VLAN 之间可以互相访问，每一个 VLAN 虚接口就是该网段的网关。

图 7.11 三层交换机

如图 7.12 所示，交换机其中四个接口属于 VLAN 10，另外四个接口属于 VLAN 20，如果交换机已经配置了这两个 VLAN 的虚接口，就好像在交换机的内部虚拟出这两个 VLAN 的网关。当数据从属于 VLAN 10 的物理接口进入后，会映射到 VLAN 10 的虚接口，从而找到自己的网关。如图 7.13 所示，如果交换机的接口属于 Trunk 模式，那么该接口属于所有的VLAN，交换机会查看数据帧中的标签，并且判断应该"转发"给哪个虚接口。

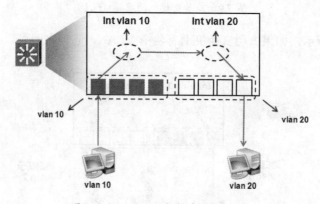

图 7.12 三层交换机的虚接口（1）

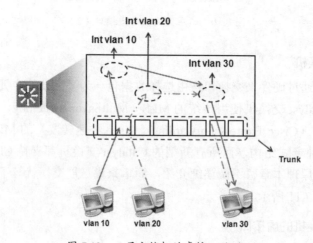

图 7.13 三层交换机的虚接口（2）

7.4 三层交换配置

1. 配置命令

（1）启动路由功能

三层交换机在默认情况下的配置与二层交换机相同，如果想要在三层交换机上配置路由，首先需要在三层交换机上启动路由功能。配置命令如下：

```
Switch(config)# ip routing
```

（2）配置虚接口的 IP 地址

配置虚接口的 IP 地址的命令如下：

```
Switch(config)# interface vlan vlan-id
Switch(config-if)# ip address ip_address netmask
Switch(config-if)# no shutdown
```

2. 在三层交换机上配置路由实例

课工场科技有限公司拟组建网络，公司有员工 200 人，按照部门划分为 5 个 VLAN，要求使用三层交换机实现 VLAN 之间的互通。

如图 7.14 所示，以一台三层交换机 Catalyst 3560 和一台二层交换机 Catalyst 2960 搭建实验环境，实验环境只划分 3 个 VLAN。

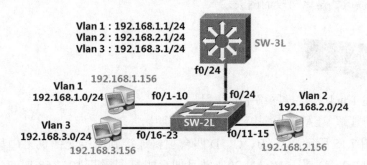

图 7.14　三层交换机配置路由实例

配置步骤如下所述。

（1）在二层交换机上分别创建 VLAN 2、VLAN 3，分配端口到 VLAN，配置 Trunk。

（2）在三层交换机上分别创建 VLAN 2、VLAN 3，配置 Trunk 并指定接口封装方式为 802.1q，命令如下：

```
SW-3L(config)#interface fastEthernet 0/24
SW-3L(config-if)#switchport trunk encapsulation dot1q
```

```
SW-3L(config-if)#switchport mode trunk
```

（3）在三层交换机上配置启动路由功能，命令如下：

```
SW-3L(config)#ip routing
```

（4）在三层交换机上配置各 VLAN 的 IP 地址，命令如下：

```
SW-3L(config)#interface vlan 1
SW-3L(config-if)#ip address 192.168.1.1 255.255.255.0
SW-3L(config-if)#no shut
```

（5）在三层交换机上查看路由表，命令如下：

```
SW-3L#show ip route
```

（6）验证主机是否能够互相 ping 通。

本章总结

- VLAN 的产生给局域网的设计增加了灵活性，使得网络管理员在划分工作组时，不再受限于用户所处的物理位置。
- Trunk 的作用就是使同一个 VLAN 能够跨交换机通信。
- 三层交换机通过硬件来交换和路由选择数据包，简单来说三层交换就等于是二层交换加上三层转发。
- 三层交换机具备路由功能，所以 VLAN 之间可以互相访问，每一个 VLAN 虚接口就是该网段的网关。

本章作业

1. 简述 Trunk 在交换网络中的作用。

2. 如何理解 VLAN 的虚接口？请画图说明。

3. 如图 7.15 所示，A、B、C、D 四台主机连接到二层交换机上，其中 A、C 属于 VLAN 10，B、D 属于 VLAN 20，并且四台主机同属于 192.168.1.0/24 网段。两台交换机相连的接口为 access 模式，并且 SW1 的接口属于 VLAN 10，SW2 的接口属于 VLAN 20。请问这四台主机中哪些可以互相通信？并说明原因。

图 7.15　作业 3 的网络拓扑图

4．用课工场 APP 扫一扫，完成在线测试，快来挑战吧！

随手笔记

第8章

生成树协议（STP）

技能目标

- 理解 STP 的工作原理
- 会配置 PVST + 实现负载均衡

本章导读

在实际网络环境中，物理环路可以提高网络的可靠性，当一条线路断掉的时候，另一条线路仍然可以传输数据。但是，在交换网络中，当交换机接收到一个未知目的地址的数据帧时，交换机的操作是将这个数据帧广播出去。这样，在存在物理环路的交换网络中，就会产生一个双向的广播环，甚至产生广播风暴，导致交换机死机。

这就产生了一个矛盾，需要物理环路来提高网络的可靠性，而环路又可能产生广播风暴，如何才能两全其美呢？

本章讲述的 STP 就是用来解决这个矛盾的。STP 协议在逻辑上断开网络的环路，防止广播风暴的产生，如果正在使用的线路出现故障，逻辑上被断开的线路又会连通，继续传输数据。

知识服务

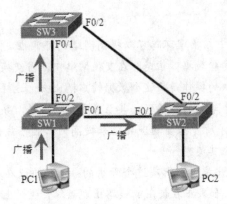

生成树算法及验证

STP概述 ─── 交换网络环路的产生
          STP简介

          生成树算法及验证
第8章 ─── STP的工作原理 ─── 桥协议数据单元（BPDU）
          STP的收敛

          STP与VLAN的关系
STP的应用 ─── PVST＋的配置命令
          PVST＋的配置案例

8.1　STP 概述

8.1.1　交换网络环路的产生

如图 8.1 所示，PC1 和 PC2 通过交换机相连。在网络初始状态时，PC1 与 PC2 的通信过程如下。

图 8.1　物理环路拓扑图

（1）在网络通信开始时，PC1 的 ARP 条目中没有 PC2 的 MAC 地址，根据 ARP 原理，PC1 首先会发送一个 ARP 广播请求（请求 PC2 的 MAC 地址）给交换机 SW1。

（2）当交换机 SW1 收到 ARP 的广播请求时，根据交换机的转发原理，SW1 会将广播帧从除接收端口之外的所有端口转发出去（即该广播会从 F0/1 和 F0/2 分别转发给 SW2 和 SW3）。

（3）SW2 收到广播帧后，同样根据交换机的转发原理，将广播帧从 F0/2 和连接 PC2 的端口转发。同样，SW3 收到广播帧后，将其从 F0/2 端口转发。

（4）SW2 从 F0/2 端口收到从 SW3 发送的广播帧后，将其从 F0/2 端口和连接 PC2 的端口转发；同样，SW3 收到从 SW2 发送的广播帧后，将其从 F0/1 端口转发。

（5）SW1 分别从 SW2、SW3 收到广播帧，然后将从 SW2 收到的广播帧转发给 SW3，而将从 SW3 收到的广播帧转发给 SW2。

SW1、SW2 与 SW3 会将广播帧相互转发，这时网络就形成了一个环路，而交换机之间并不知道，这将导致广播帧在这个环路中永远循环下去，如图 8.2 所示。在实际网络环境中，情况要复杂得多，当广播帧经过交换机时，交换机以指数的形式生成广播帧（交换机从除收到该广播帧之外的所有端口转发广播帧）。这种广播帧会越来越多，最终形成广播风暴，导致网络瘫痪。

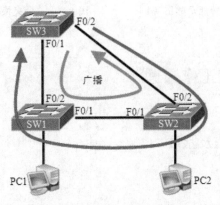

图 8.2　广播风暴的产生

这种广播风暴只有在物理环路消失时才可能停止。

但是环状的物理线路能够为网络提供备份线路，增强网络的可靠性，这在网络设计中是必要的。因此，就需要一种解决方法，一方面能够保证网络的可靠性，另一方面能够防止广播风暴的产生。

STP 协议就是用来解决这个问题的。STP 协议不是断掉物理环路，而是在逻辑上断开环路，防止广播风暴的产生。

8.1.2　STP 简介

STP（Spanning Tree Protocol，生成树协议）就是用来把一个环形的结构改变成一个树形的结构。STP 协议就是将物理上存在环路的网络，通过一种算法，在逻辑上阻塞一些端口，来生成一个逻辑上的树形结构。如图 8.3 所示，对于由三台交换机构成环路的网络，在使用 STP 协议后，交换机 SW2 与 SW3 连接链路的一个端口分别被协议从逻辑上阻塞，这条线路也就不能再传输数据了，也就是从逻辑上打破了环路。当正常通信的线路发生故障时，被逻辑阻塞的线路会重新激活，使得数据能从这条线路正常传输，如图 8.4 所示。

那么，STP 协议如何实现将环形结构的拓扑变成树形结构呢？STP 协议如何知道哪些接口应该被阻塞，哪些接口应该用来传输数据呢？它依据的算法是什么样的？下面将详细讲解 IEEE 802.1d STP 协议的工作原理。

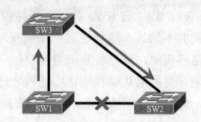

图 8.3　三台交换机 STP 功能示意图（1）　　　　图 8.4　三台交换机 STP 功能示意图（2）

8.2　STP 的工作原理

8.2.1　生成树算法及验证

1. 生成树算法

STP 运行生成树算法（Spanning Tree Algorithm，STA）。生成树算法的过程很复杂，但可将其归纳为以下三个步骤：

（1）选择根网桥（Root Bridge）。

（2）选择根端口（Root Ports）。

（3）选择指定端口（Designated Ports）。

🔍 名词解释

> 网桥是交换机的前身，由于 STP 是在网桥基础上开发的，因此现在交换机的网络中仍然沿用网桥这一术语。在 Cisco 教程里习惯称为"网桥"，在这里指的就是"交换机"。

下面以一个例子来讲解这几个步骤的选择过程，它采用如图 8.5 所示的网络拓扑结构。

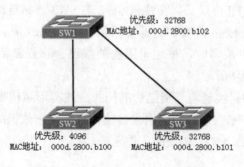

图 8.5　STP 收敛过程示例拓扑图

要将如图 8.5 所示的网络结构变成一个无环的拓扑，首先，STP 要选择根网桥。前面讲过，STP 是将一个环形的拓扑结构变成一个树状的拓扑结构，因此选择根网桥实际上就是为网络选出一个树根。那么选择根网桥的依据是什么呢？

（1）选择根网桥

选择根网桥的依据是网桥 ID，网桥 ID 是一个 8 字节的字段，其组成结构如图 8.6 所示，前两字节的十进制数称为网桥优先级，后六字节是网桥的 MAC 地址。

图 8.6　网桥 ID 的组成

网桥优先级是用于衡量网桥在生成树算法中优先级的十进制数，取值范围为 0 ～ 65535，默认值是 32768。

网桥 ID 中的 MAC 地址是交换机自身的 MAC 地址，可以使用 show version 命令在交换机版本信息中查看交换机自身的 MAC 地址，显示如下：

Base ethernet MAC Address: 00:0D:28:00:B1:00

按照生成树算法的定义，当比较某个 STP 参数的两个取值时，值小的优先级高。因此，在选择根网桥的时候，比较的方法是看哪台交换机的网桥 ID 值最小，优先级小的被选择为根网桥；在优先级相同的情况下，则 MAC 地址小的为根网桥。

在如图 8.5 所示的拓扑中，SW2 的优先级为 4096，SW1 与 SW3 的优先级为默认值 32768。因此，SW2 被选为根网桥，如图 8.7 所示。

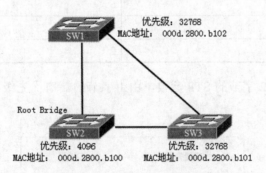

图 8.7　STP 收敛过程选择根网桥

如果 SW2 的优先级也是 32768，三台交换机的优先级都相同，则比较三台交换机的 MAC 地址，SW2 的 MAC 地址最小，所以 SW2 被选为根网桥。

（2）选择根端口

选出了根网桥之后，网络中的每台交换机必须和根网桥建立某种关联，因此，

STP 将开始选择根端口的过程。根端口存在于非根网桥上，需要在每个非根网桥上选择一个根端口。

选择根端口时，依据的顺序如下：

1）到根网桥最低的根路径成本。

2）直连的网桥 ID 最小。

3）端口 ID 最小。

根路径成本是两个网桥间的路径上所有线路的成本之和，也就是某个网桥到达根网桥的中间所有线路的路径成本之和，如图 8.8 所示。

图 8.8　根路径成本与路径成本

路径成本用来代表一条线路带宽的大小，如表 8-1 所示，一条线路的带宽越大，它传输数据的成本也就越低。

表 8-1　带宽与路径成本的关系

链路带宽 /（Mb/s）	路径成本
10	100
16	62
45	39
100	19
155	14
622	6
1000	4
10000	2

端口 ID 是一个 2 字节的 STP 参数，由 1 字节的端口优先级和 1 字节的端口编号组成，如图 8.9 所示。

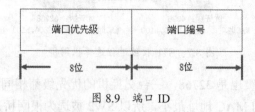

图 8.9　端口 ID

端口优先级是一个可配置的 STP 参数，在基于 IOS 的交换机上，端口优先级的十进制取值范围是 0 ~ 255，默认值是 128。

端口编号用于列举各个端口的数字标识符。在基于 IOS 的交换机上，可以支持
256 个端口。端口编号不是端口号，但是端口号低的端口，端口编号也较小。

在 STP 选择根端口的时候，首先比较交换机端口的根路径成本，根路径成本低的
为根端口。当根路径成本相同的时候，比较连接的交换机的网桥 ID 值，选择网桥 ID
值小的作为根端口；当网桥 ID 相同的时候，比较端口 ID 值，选择较小的作为根端口。

> **注意**
>
> 在比较端口 ID 值时，比较的是接收到的对端的端口 ID 值。

在如图 8.10 所示的拓扑结构中，已经选出了根网桥，那么下一步就需要在 SW1
和 SW3 上各选一个根端口。在本例中，所有的线路都是 100Mb/s 的，那么在 SW1
和 SW3 上直接与 SW2 相连的端口的根路径成本是 19，而 SW1 与 SW3 之间连接的端口，
其根路径成本应该是 19+19=38。因此，在 SW1 与 SW3 上，直接连接 SW2 的端口被
选为根端口，如图 8.10 所示。

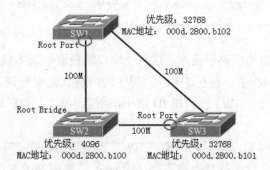

图 8.10　STP 收敛过程选择根端口

（3）选择指定端口

选择完根网桥和每台交换机的根端口后，一个树形结构已经初步形成，但是，所
有的线路仍连接在一起，并可能都处于活动状态，最后依旧形成环路。

为了消除环路形成的可能，STP 进行最后的计算，在每一个网段上选择一个指定
端口。选择指定端口的依据与选择根端口相同，按顺序有以下三个步骤：

1）根路径成本较低。

2）所在的交换机的网桥 ID 值较小。

3）端口 ID 值较小。

在 STP 选择指定端口的时候，首先比较同一网段上端口中根路径成本最低的，也
就是将到达根网桥最近的端口作为指定端口；当根路径成本相同的时候，比较这个端
口所在的交换机的网桥 ID 值，选择一个网桥 ID 值小的交换机上的端口作为指定端口；
当网桥 ID 值相同的时候，也就是说，有几个位于同一交换机上的端口时，比较端口
ID 值，选择较小的作为指定端口。

另外，根网桥上的端口都是指定端口，因为根网桥上端口的根路径成本为0。

和选择根端口不同，在比较端口 ID 值时，比较的是自身的端口 ID 值。

在如图 8.11 所示的拓扑结构中，作为根网桥的 SW2 上的端口都是指定端口，在 SW1 与 SW3 连接的网段上需要在两个端口之间选出一个指定端口。

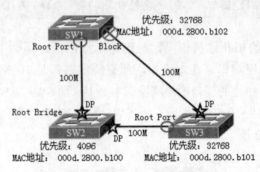

图 8.11　STP 收敛过程选择指定端口

首先比较两个端口的根路径成本，这两个端口的根路径成本值都是 38（19+19），那么就只能比较网桥 ID 了。现在 SW1 与 SW3 的网桥优先级相同，SW3 的 MAC 地址小于 SW1 的 MAC 地址，SW3 的网桥 ID 值小，所以 SW3 上的端口被选作指定端口，如图 8.11 所示。

STP 的计算过程结束，这时，只有在 SW1 上连接到 SW3 的端口既不是根端口，也不是指定端口，那么这个端口会被阻塞（Block）。被阻塞的端口不能传输数据。

由于 SW1 上连接 SW3 的端口被阻塞，所以如图 8.11 所示的拓扑结构可以等价为如图 8.12 所示的拓扑结构。SW1 和 SW3 之间的线路成为备份线路。

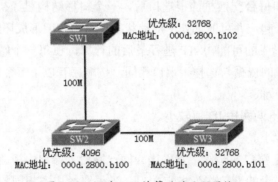

图 8.12　经过 STP 计算后的无环网络

2. 生成树算法验证

在了解了 STP 的选举过程后，下面以三台交换机为例，验证生成树选举算法。

按照图 8.13 所示连接网络，线路均为 100Mb/s 线路，其中的交换机设备都为默认配置，SW1 的 MAC 地址为 001f.caff.1000，SW2 的 MAC 地址为 0021.1ba5.6980，SW3 的 MAC 地址为 0021.d780.7400。

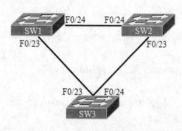

图 8.13　三台交换机的 STP 选举拓扑图

按照 STP 的工作原理来选举根网桥、根端口和指定端口。

首先，根据网桥 ID 选择根网桥。由于交换机为默认配置，所以优先级相同，都为 32768，在这种情况下选择 MAC 地址最小的交换机为根网桥，所以 SW1 被选为根网桥。

其次，根据根路径成本在非根网桥上选择根端口，交换机 SW2 和 SW3 直接与 SW1 相连的端口根路径成本最低，所以 SW2 的 F0/24 为根端口，SW3 的 F0/23 为根端口。

最后，在每个网段上选择指定端口，根网桥交换机的端口都为指定端口。在 SW2 和 SW3 相连的网段上包含两个端口，这两个端口的根路径成本都是 38，则根据网桥 ID 选择指定端口，所以 SW2 的 F0/23 成为指定端口，SW3 的 F0/24 端口被阻塞。

在交换机上可以使用 show spanning-tree 命令查看生成树。查看 SW1、SW2 和 SW3 的生成树状态的代码如下：

```
//SW1 的生成树状态
SW1#show spanning-tree
VLAN0001
  Spanning tree enabled protocol ieee
  Root ID    Priority    32769
             Address     001f.caff.1000
             This bridge is the root
             Hello Time   2 sec  Max Age 20 sec  Forward Delay 15 sec

  Bridge ID  Priority    32769  (priority 32768 sys-id-ext 1)
             Address     001f.caff.1000
             Hello Time   2 sec  Max Age 20 sec  Forward Delay 15 sec
             Aging Time 300


Interface       Role Sts Cost     Prio.Nbr Type
--------------- ---- --- --------- -------- ------------------------------
Fa0/23          Desg FWD 19        128.25   P2p
Fa0/24          Desg FWD 19        128.26   P2p
//SW2 的生成树状态
SW2#show spanning-tree
```

```
VLAN0001
  Spanning tree enabled protocol ieee
  Root ID    Priority    32769
          Address     001f.caff.1000
          Cost       19
          Port       26 (FastEthernet0/24)
          Hello Time   2 sec  Max Age 20 sec  Forward Delay 15 sec

  Bridge ID  Priority   32769  (priority 32768 sys-id-ext 1)
          Address     0021.1ba5.6980
          Hello Time   2 sec  Max Age 20 sec  Forward Delay 15 sec
          Aging Time 300

Interface       Role Sts Cost     Prio.Nbr Type
-------------- ---- --- --------- -------- --------------------------------
Fa0/23          Desg FWD 19       128.25  P2p              // 指定端口
Fa0/24          Root FWD 19       128.26  P2p
//SW3 的生成树状态
SW3#show spanning-tree
VLAN0001
  Spanning tree enabled protocol ieee
  Root ID    Priority    32769
          Address     001f.caff.1000
          Cost       19
          Port       23 (FastEthernet0/23)
          Hello Time   2 sec  Max Age 20 sec  Forward Delay 15 sec

  Bridge ID  Priority   32769  (priority 32768 sys-id-ext 1)
          Address     0021.d780.7400
          Hello Time   2 sec  Max Age 20 sec  Forward Delay 15 sec
          Aging Time 300

Interface       Role Sts Cost     Prio.Nbr Type
-------------- ---- --- --------- -------- --------------------------------
Fa0/23          Root FWD 19       128.23  P2p
Fa0/24          Altn BLK 19       128.24  P2p              // 阻塞端口
```

STP 状态显示结果和 STP 选举结果相同。

8.2.2　桥协议数据单元（BPDU）

交换机之间根据网桥 ID 选择根网桥，根据根路径成本等选择根端口和指定端口，那么，交换机之间是通过什么来实现的呢？

交换机之间是通过 BPDU（Bridge Protocol Data Unit，桥协议数据单元）来交换网桥 ID、根路径成本等信息的。交换机从端口发送一个 BPDU 帧，使用该端口本身的 MAC 地址作为源地址。交换机本身并不知道它周围是否还有其他的交换机存在。因此，

BPDU 帧利用了一个 STP 组播地址（01-80-c2-00-00-00）作为它的一个目的地址，使之能到达相邻的并处于 STP 侦听状态的交换机。

每隔 2s，便向所有的交换机端口发送一次 BPDU 报文，以便交换机（或网桥）能交换当前最新的拓扑信息，并迅速识别和检测其中的环路。

1. BPDU 的两种类型

- 配置 BPDU——用于生成树计算。
- 拓扑变更通告（Topology Change Notification，TCN）BPDU——用于通告网络拓扑的变化。

2. BPDU 报文字段

BPDU 中包含根网桥 ID、根路径成本、发送网桥 ID、端口 ID 和计时器等，对 BPDU 几个关键字段作用的解释如下。

- 根网桥 ID：由一个 2 字节优先级和一个 6 字节网桥 MAC 地址组成。这个信息组合是已经被选定为根网桥的设备标识。
- 根路径成本：说明这个 BPDU 从根网桥传输了多远，成本是多少。这个字段的值决定哪些端口将进行转发，哪些端口将被阻断。
- 发送网桥 ID：这是发送该 BPDU 的网桥信息，由网桥的优先级和网桥的 MAC 地址组成。
- 端口 ID：由 1 字节的端口优先级和 1 字节的端口编号组成。
- 计时器：计时器用于说明生成树用多长时间能完成它的每项功能。这些功能包括报文老化时间、最大老化时间、访问时间和转发延迟。

3. STP 利用 BPDU 选择根网桥的过程

根网桥的选择是一个持续、反复进行的过程，它每 2s 触发一次，检查 BPDU 的根网桥 ID 是否发生了变化，网络中是否有网桥 ID 值更低的交换机加入进来。根网桥的选择过程如下所述。

（1）当一台交换机第一次启动时，先假定自己是根网桥，在 BPDU 报文中的根网桥 ID 字段填入自己的网桥 ID，并向外发送，如图 8.14 所示。

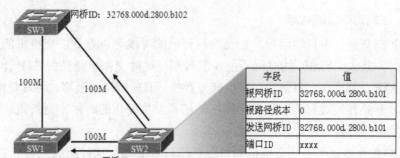

图 8.14　交换机假定自己是根网桥并发送 BPDU

（2）交换机比较接收到的 BPDU 报文中的根网桥 ID 与自己的网桥 ID 的值哪个更小，如果接收到的 BPDU 中的根网桥 ID 值小于自己的网桥 ID 值，则用接收到的根网桥 ID 替换现有的根网桥 ID，并向外转发。这时，交换机仍然会继续监听其他交换机发来的 BPDU，并继续进行比较，只要接收到的 BPDU 中宣告的根网桥 ID 值小于目前存储的根网桥 ID 值，则进行替换。这样经过一段时间后，当所有的交换机互相接收了全部的 BPDU 后，则能够选择出全网公认的唯一的根网桥，如图 8.15 所示。

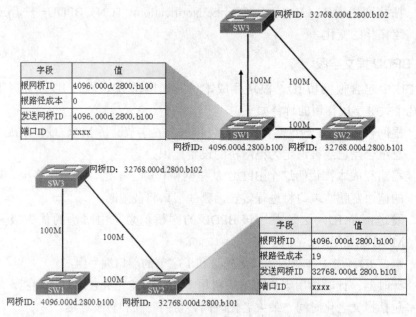

图 8.15　交换机用更小的根网桥 ID 替换原有的根网桥 ID

（3）收敛后，如果有一台网桥 ID 值更小的交换机加入进来，那么，它首先把自己当作一个根网桥在网络中通告。由于那台新交换机的网桥 ID 值的确更小，所以其他交换机在比较一番后，就会把它当作新的根网桥而记录下来。

8.2.3　STP 的收敛

1.　生成树端口的状态

STP 在交换机中自动运行，在交换机开机的时候可以看到，交换机的指示灯显示为黄色，并且大约有 30s 的时间不能转发数据，这时交换机是在做 STP 计算。直到交换机的 STP 计算完毕，有些端口可以转发数据，有些端口被阻塞，也就是网络收敛后，交换机才开始转发数据。并且，当网络的拓扑发生变化的时候，交换机还要重新运行 STP 计算，形成新的逻辑拓扑结构。

在 STP 计算过程中，交换机的每一个端口都必须依次经历好几种状态。如表 8-2 所示列出了全部五种 STP 状态。

表 8-2　交换机端口的五种 STP 状态

状态	用途
转发（Forwarding）	发送 / 接收用户数据
学习（Learning）	构建网桥表
侦听（Listening）	构建"活动"拓扑
阻塞（Blocking）	只接收 BPDU
禁用（Disabled）	强制关闭

如果一个端口允许转发数据，它首先从 Disabled 状态开始，经过几个被动状态，最后进入 Active（活动）状态。现将 STP 的端口状态详细描述如下：

- Disabled（禁用）：由网络管理员设定或因网络故障使系统的端口处于 Disabled 状态。这是比较特殊的状态，它并不是端口正常的 STP 状态的一部分。
- Blocking（阻塞）：在端口初始化后，一个端口既不能接收或发送数据，也不能向它的地址表添加 MAC 地址。这样的一个端口仅允许接收 BPDU 报文，以便能侦听到其他邻接交换机的信息。此外，选出指定端口后，非指定端口也处于阻塞状态。
- Listening（侦听）：如果一个交换机认为一个端口可选为根端口或指定端口，那么，它就把该端口的 Blocking 状态变为 Listening 状态。在 Listening 状态，端口仍不能接收或发送数据帧。不过，为了使该端口加入到生成树的拓扑过程，允许它接收或发送 BPDU 报文。由于该端口可以通过发送 BPDU 报文给其他交换机通告该端口的信息，这个端口最终可能被允许成为一个根端口或指定端口。如果该端口失去根端口或指定端口的地位，那么它将返回到 Blocking 状态。
- Learning（学习）：一个端口在 Listening 状态下经过一段时间（称为转发延迟）后，将转为 Learning 状态。该端口仍可像从前一样发送和接收 BPDU 报文。不过，交换机可以学习新的 MAC 地址，并将该地址添加到交换机的地址表中。正因为如此，才使得交换机可以沉默一定时间才处理有关地址表的信息。
- Forwarding（转发）：在 Learning 状态下再经历一定的转发延迟时间，该端口转入到 Forwarding 状态。在 Forwarding 状态，该端口既可以发送和接收数据帧，也可以收集 MAC 地址加入到它的地址表，还可以发送和接收 BPDU 报文。在生成树拓扑中，该端口至此才成为一个全功能的交换机端口。

2. 生成树计时器

STP 在交换机相互发送 BPDU 报文时，尽力形成一个无环路的拓扑。BPDU 从一台交换机传送到另一台交换机时，总要花费一定的时间。另外，当拓扑改变（如线路或根网桥故障）的消息从网络的一侧传送到另一侧时，也要经历一定的传播延迟。由于存在这些延迟，所以需要为交换机设置足够的时间来完成 BPDU 的转发和生成树的运算。因此，在交换机内部设置了一些计时器来控制每个阶段的时间长度。

STP 利用三种计时方法来确保一个网络正确的收敛。现将 STP 计时器及它们的默认值描述如下：

- Hello 时间：网桥发送配置 BPDU 报文之间的时间间隔。在根网桥交换机中，配置的访问时间值将决定所有非根交换机的访问时间，这是因为这些交换机在收到发自根网桥的配置 BPDU 报文时，仅仅中继它们。不过，所有的交换机都有一个在本地配置的访问时间，它用于确定重新发送 TCN（拓扑变化提示）BPDU 报文的时间。IEEE 802.1d 标准规定的默认访问时间为 2s。
- 转发延迟：一个交换机端口在 Listening（侦听）和 Learning（学习）状态所花费的时间间隔，默认值各为 15s。
- 最大老化时间：交换机在丢弃 BPDU 报文之前存储它的最大时间。在执行 STP 时，每一个交换端口都保存一份它所侦听到的"最好的"BPDU 备份。如果源 BPDU 失去了与交换机端口的联系，交换机则在最大老化时间之后通知网络已经发生了拓扑结构方面的变化。最大老化时间的默认值是 20s。

侦听和学习都是生成树所实施的过渡状态，用来强迫端口等待来自其他交换机上的所有 BPDU。典型的端口过渡如下：

（1）从阻塞到侦听（20s）。

（2）从侦听到学习（15s）。

（3）从学习到转发（15s）。

当启用 STP 时，VLAN 上的每台交换机在加电以后都经过从阻塞到侦听、学习的过渡状态。

如图 8.16 所示显示了生成树计时器决定的端口在各种状态下所处的时间长短。

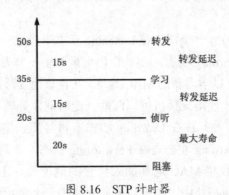

图 8.16　STP 计时器

STP 计时器可以用命令予以配置和调整。但若不是经过认真考虑和规划，建议不要轻易改变计时器的默认值。

8.3　STP 的应用

8.3.1　STP 与 VLAN 的关系

生成树与 VLAN 之间的关系主要有以下几种。

- IEEE 的 CST（Common Spanning Tree，通用生成树）。
- Cisco 的 PVST（Per VLAN Spanning Tree，每个 VLAN 生成树）。
- Cisco 的 PVST+（Per VLAN Spanning Tree Plus，增强的每个 VLAN 生成树）。
- IEEE 的 MST（Multiple Spanning Tree，多生成树）。

其中，CST 不考虑 VLAN，以交换机为单位运行 STP（整个交换网络生成一个 STP 实例），如图 8.17 所示，交换机中划分 VLAN 不会产生广播环路。由于 CST 不考虑 VLAN，所以经过 STP 计算后会阻塞其中的一个端口，那么如图 8.17 所示的结果就是 VLAN3 的数据不能通信。

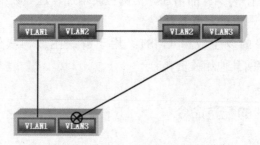

图 8.17　CST 运行生成树后的结果

PVST 是 Cisco 私有的协议，PVST 为每个 VLAN 运行单独的生成树实例（每个 VLAN 生成一个生成树实例），如图 8.18 所示。

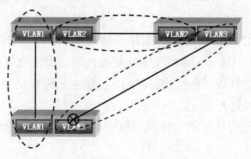

图 8.18　PVST 为每个 VLAN 运行单独的生成树

PVST 为每个 VLAN 运行一个独立的生成树实例，能优化根网桥的位置，为所有的 VLAN 提供最优路径（因为 VLAN 的拓扑结构各不相同）。

但是，PVST 也不是完美的，其主要缺点如下：

● 为了维护针对每个 VLAN 生成的生成树，交换机的利用率（如 CPU 负载）会更高。

● 为了支持各个 VLAN 的 BPDU，需要占用更多的 Trunk 线路带宽。

● PVST 与 IEEE 的 CST 不兼容，使得运行 PVST 的 Cisco 交换机不能与其他厂家的交换机进行互操作。

为了解决和其他厂商的交换机进行互操作的问题，Cisco 开发了 PVST+。PVST+允许 CST 的信息传给 PVST，以便与其他厂商在 VLAN 上运行生成树的实现方法进行互操作，如图 8.19 所示。Cisco 交换机默认使用 PVST+。

图 8.19　PVST+ 可以用来连接 PVST 与 CST

PVST+ 为每一个 VLAN 生成一个生成树实例，而每个实例都要占用交换机的 CPU 和内存资源。随着 VLAN 的增加，实例也会增加，这导致维护生成树实例将占用较多的交换机资源。

IEEE 802.1s 定义的多生成树（MST）用于解决生成树实例过多的问题。关于 MST 的具体内容可参阅其他相关资料。

8.3.2　PVST+ 的配置命令

1. 配置 PVST+ 的意义

交换机通电启动后会自动运行 STP，那为什么还要进行配置呢？

在交换网络中，如果一个根网桥不稳定，那么这个网络就需要经常进行 STP 运算，需要经常变化逻辑拓扑。可以说，网络中有一个不稳定的根网桥，就会有一个不稳定的网络。

而在交换机选择根网桥的时候，如果不修改网桥 ID 中的优先级，那么选择的依据就是交换机的 MAC 地址，而 MAC 地址是随机的，很可能就会碰到这种情况：网络中最边缘的交换机被选择成了根网桥。因此，虽然生成树在交换机中自动运行，但是，合理的配置能够对网络进行优化。

除了配置网络中比较稳定的交换机为根网桥外，PVST+ 的配置主要还有以下两个方面。

（1）利用 PVST+ 实现网络的负载均衡

在如图 8.20 和图 8.21 所示的拓扑结构中，配置两台核心交换机分别为不同 VLAN 的根网桥，使不同的 VLAN 中各接入交换机上选择的根端口不同，因此，不同 VLAN

的数据传输使用的线路也不同，以达到两条线路之间负载均衡的目的。

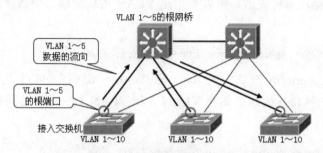

图 8.20 配置 PVST+ 实现网络的负载均衡（1）

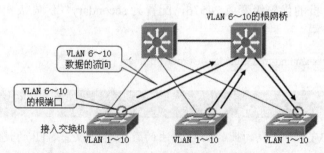

图 8.21 配置 PVST+ 实现网络的负载均衡（2）

（2）配置速端口（PostFast）

当单台主机连接到交换机的一个端口时，网络不可能形成环路，所以 Cisco 交换机提供了速端口功能。配置速端口可使连接终端的端口快速进入到转发状态。如果主机关闭后再开机，主机连接到交换机的端口状态会先变为 down 再变为 up。这时，此端口直到 STP 进入转发状态后才可用。如果使用默认的 STP 计时器，端口从 down 到 STP 的转发状态至少需要 30s。这将导致主机必须等待端口进入转发状态后，才能接收或转发数据。

在端口启用速端口功能后，当端口从 down 到 up 状态时，该端口不经过侦听和学习状态，直接进入转发状态，节省 30s 的转发延迟。然而，该端口仍然运行生成树协议，如果检测到了环路，也能够从转发状态转换到阻塞状态。速端口只能配置在连接终端的接口上，否则就有可能导致短时间的生成树环路。

2. PVST+ 配置命令

PVST+ 配置命令的具体操作步骤如下所述。

（1）启用生成树命令

交换机在默认情况下启用生成树。通过在此命令前加 no，可以关掉某个 VLAN 的生成树。但是，在一般情况下，即使网络中不存在物理环路，也不建议关闭生成树。启用生成树的命令如下：

```
Switch(config)#spanning-tree vlan vlan-list
```

（2）指定根网桥

由于 MAC 地址不可更改，所以要指定 VLAN 的优先级。更改优先级可以使用的命令如下：

```
switch(config)#spanning-tree vlan vlan-list priority Bridge-priority
```

其中，Bridge-priority 默认为 32768，范围是 0 ～ 65535，可以通过此命令同时更改多个 VLAN 的网桥优先级，如将 VLAN 5 和 VLAN 10 ～ 20 的网桥优先级配置为 4096。命令如下：

```
Switch(config)#spanning-tree vlan 5,10-20 priority 4096
```

除了更改网桥的优先级外，还可以使用命令指定交换机为根网桥，如果配置为 primary，则交换机的优先级变成 24576，配置为 secondary，优先级变成 28672。配置根网桥的命令如下：

```
Switch(config)#spanning-tree vlan vlan-list root { primary | secondary }
```

> 🔊 **注意**
>
> 配置 VLAN 负载均衡的两种方法的目的都是改变 STP 的优先级，且配置的 STP 优先级必须是 4096 的倍数。

（3）修改端口成本

在端口模式下配置如下命令来更改端口的端口成本。

```
Switch(config-if)#spanning-tree vlan vlan-list cost cost
```

（4）修改端口优先级

在端口模式下配置如下命令来更改端口的端口优先级。

```
Switch(config-if)#spanning-tree vlan vlan-list port-priority priority
```

例如，在某交换机没有修改端口成本和优先级之前，使用 show spanning-tree 命令查看生成树，如下所示。

Interface	Role Sts Cost	Prio.Nbr	Type
Fa0/1	Root FWD 19	128.1	P2p
Fa0/2	Desg FWD 19	128.2	P2p

使用下面的命令更改 F0/1 端口的成本和优先级。

```
Switch(config-if)#spanning-tree vlan 1 cost 10
Switch(config-if)#spanning-tree vlan 1 port-priority 96
```

配置完成后再通过 show spanning-tree 命令查看生成树，如下所示。

Interface	Role Sts Cost	Prio.Nbr	Type
Fa0/1	Root FWD **10**	**96.1**	P2p

8 Chapter

Fa0/2	Desg FWD 19		128.2	P2p	

可以看到，F0/1 端口的成本和端口 ID 已经更改了。

（5）配置速端口

配置速端口的命令如下：

Switch(config-if)#spanning-tree portfast

3. PVST+ 配置的查看

PVST+ 配置的查看具体操作步骤如下所述。

（1）查看生成树的配置

查看生成树的配置的命令如下：

Switch#show spanning-tree

（2）查看某个 VLAN 的生成树详细信息

查看某个 VLAN 的生成树详细信息的命令如下：

Switch#show spanning-tree vlan vlan-id detail

8.3.3 PVST+ 的配置案例

在学习完 PVST+ 的配置命令后，接下来以三台交换机为例来配置 STP 实现 VLAN 负载均衡。

如图 8.22 所示连接网络，线路均为 100Mb/s 线路，其中交换机设备都为默认配置，SW1 的 MAC 地址为 001f.caff.1000，SW2 的 MAC 地址为 0021.1ba5.6980，SW3 的 MAC 地址为 0021.d780.7400。要求配置交换机以实现 SW1 成为 VLAN 1 的根网桥、SW2 成为 VLAN 2 的根网桥，实现 VLAN 的负载均衡。

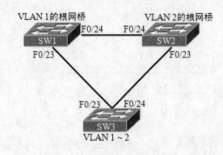

图 8.22 三台交换机配置实例

（1）为交换机配置 VLAN 并配置交换机连接端口为 Trunk 模式（配置命令略）。

经过 STP 选举后，交换机 SW1 会被选择成根网桥，SW2 的 F0/24 和 SW3 的 F0/23 端口会成为根端口，SW2 的 F0/23 端口会成为指定端口，而 SW3 的 F0/24 端口会被阻塞。

（2）配置 VLAN 负载均衡。

配置 VLAN 负载均衡的方法有两种，分别如下所述。

● 方法 1

SW1 的配置信息如下：

```
SW1(config)# spanning-tree vlan 1 root primary
SW1(config)# spanning-tree vlan 2 root secondary
```

SW2 的配置信息如下：

```
SW2(config)# spanning-tree vlan 2 root primary
SW2(config)# spanning-tree vlan 1 root secondary
```

● 方法 2

SW1 和 SW2 的配置信息如下：

```
SW1(config)# spanning-tree vlan 1 priority 4096
SW2(config)# spanning-tree vlan 2 priority 4096
```

（3）VLAN1 的逻辑拓扑。

配置完成后，在 SW1、SW2 和 SW3 上查看 VLAN1 的生成树信息，如下所示。

```
//SW1 上 VLAN1 的生成树信息
SW1#show spanning-tree vlan 1
VLAN0001
……

Interface      Role Sts Cost     Prio.Nbr Type
---------------- ---- --- -------- ------- ------------------------------
Fa0/23         Desg FWD 19       128.25  P2p
Fa0/24         Desg FWD 19       128.26  P2p


//SW2 上 VLAN1 的生成树信息
SW2#show spanning-tree vlan 1
VLAN0001
……

Interface      Role Sts Cost     Prio.Nbr Type
-------------- ---- --- --------- ------- ------------------------------
Fa0/23         Desg FWD 19       128.25  P2p
Fa0/24         Root FWD 19       128.26  P2p


//SW3 上 VLAN1 的生成树信息
SW3#show spanning-tree vlan 1
VLAN0001
……

Interface      Role Sts Cost     Prio.Nbr Type
--------------- ---- --- ------- ------- ------------------------------
Fa0/23         Root FWD 19       128.23  P2p
Fa0/24         Altn BLK 19       128.24  P2p
```

从生成树信息中可以看出，在 VLAN1 的 STP 实例中：SW1 为根网桥，SW3 连SW2 的端口 F0/24 被阻塞，交换机 SW3 中 VLAN1 的流量从 SW3 和 SW1 相连的线路中通过。因此在 VLAN1 中，拓扑结构可以等价为如图 8.23 所示的逻辑拓扑结构。

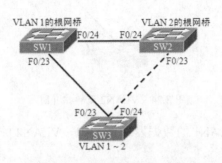

图 8.23   VLAN1 逻辑拓扑图

（4）查看 VLAN2 的逻辑拓扑。

配置完成后，在 SW1、SW2 和 SW3 上查看 VLAN2 的生成树信息，如下所示。

```
//SW1 上 VLAN2 的生成树信息
SW1#show spanning-tree vlan 2
VLAN0002
……

Interface       Role Sts Cost     Prio.Nbr Type
---------------- ---- --- --------- --------- ------------------------------
Fa0/23          Desg FWD 19       128.25  P2p
Fa0/24          Root FWD 19       128.26  P2p
//SW2 上 VLAN2 的生成树信息
SW2#show spanning-tree vlan 2
VLAN0002
……

Interface       Role Sts Cost     Prio.Nbr Type
---------------- ---- --- --------- --------- ------------------------------
Fa0/23          Desg FWD 100      128.25  P2p
Fa0/24          Desg FWD 19       128.26  P2p
//SW3 上 VLAN2 的生成树信息
SW3#show spanning-tree vlan 2
VLAN0002
……

Interface       Role Sts Cost     Prio.Nbr Type
---------------- ---- --- --------- --------- ------------------------------
Fa0/23          Altn BLK 19       128.23  P2p
Fa0/24          Root FWD 19       128.24  P2p
```

从生成树信息中可以看出，在 VLAN2 的 STP 实例中：SW2 为根网桥，SW3 连SW1 的端口 F0/23 被阻塞，交换机 SW3 中 VLAN2 的流量从 SW3 和 SW2 相连的线路中通过。因此在 VLAN2 中，拓扑结构可以等价为如图 8.24 所示的逻辑拓扑结构。

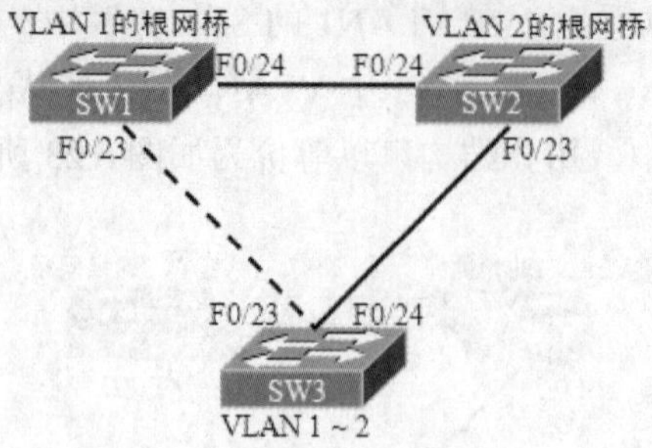

图 8.24　VLAN2 逻辑拓扑图

此时，SW3 上的 VLAN1 的数据发送到 SW1，VLAN2 的数据发送到 SW2，实现了 VLAN 的负载均衡。

（5）配置速端口。

配置交换机 SW3 上连接主机的端口为速端口，命令如下：

```
SW3(config)#interface range fastEthernet 0/1 - 20
SW3(config-if-range)#spanning-tree portfast
%Warning: portfast should only be enabled on ports connected to a single
 host. Connecting hubs, concentrators, switches, bridges, etc... to this
 interface  when portfast is enabled, can cause temporary bridging loops.
 Use with CAUTION

%Portfast will be configured in 20 interfaces due to the range command
 but will only have effect when the interfaces are in a non-trunking mode.
```

配置了速端口后，交换机会给出一些警告信息。上述警告信息的主要含义如下所述。

● 仅用于连接单一的主机，如果连接 Hub、交换机、网桥等设备，可能造成桥接环路，应小心使用。

● 有 20 个接口被配置为速端口，但是速端口只有在接口处于非 Trunk 模式时才起作用。

本章总结

● 生成树算法的步骤：首先选择根网桥，其次选择根端口，最后选择指定端口。

● 交换机之间通过 BPDU（桥协议数据单元）来交换网桥 ID、根路径成本等信息。

● 生成树端口有五种状态：禁用（Disabled）、阻塞（Blocking）、侦听（Listening）、学习（Learning）、转发（Forwarding）。

● PVST+ 的配置：配置根网桥、修改网桥优先级、修改端口成本、配置速端口。

本章作业

1．根网桥已经从网络中选举出来，这时在网络中接入一台网桥 ID 最低的交换机，网络中的 STP 将如何处理？

2．在如图 8.25 所示的拓扑结构中，判断哪个交换机会成为根网桥，哪些端口是根端口，哪些端口是指定端口，最后指出哪些端口会被阻塞？

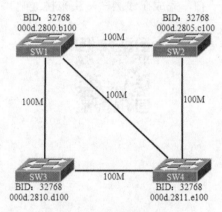

图 8.25　网络拓扑图（1）

3．在如图 8.26 所示的连接网络中，SW1 的网桥 ID 为 32768.8192.000d.1111.1111，SW2 的网桥 ID 为 32768.8192.000d.1111.2222，图中的所有线路均为 100Mb/s 线路。判断网络中的根网桥、根端口、指定端口、阻塞端口。

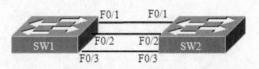

图 8.26　网络拓扑图（2）

4．如图 8.27 所示，其中 SW1 与 SW2 是核心交换机，SW3 是接入层交换机，按要求配置设备。

- 在交换机上添加 VLAN 2。
- 配置接口模式为 Trunk 模式。
- 配置 SW1 在 VLAN 1 的优先级为 4096。
- 配置 SW2 在 VLAN 2 的优先级为 8192。
- 验证 VLAN 的负载均衡。

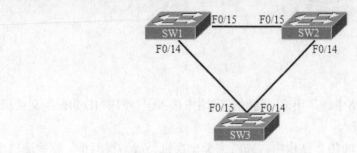

图 8.27　网络拓扑图（3）

5. 用课工场 APP 扫一扫，完成在线测试，快来挑战吧！

第9章

热备份路由选择协议（HSRP）

技能目标

- 理解 HSRP 的工作原理
- 掌握 HSRP 的术语和参数的作用
- 掌握 HSRP 的配置和排错

本章导读

    使用两台核心交换机，配置 STP 实现双核心负载均衡，可提高网络的可靠性。但是当其中一台核心交换机出现故障宕机时，主机没有办法自动切换网关，无法保证网络的正常使用。那么，如何解决这个问题呢？本章学习的 HSRP 就是用来解决这个问题的。两台三层交换机配置 HSRP 协议，可实现网关的冗余备份。主机只需要配置一个固定网关，两台三层交换机之间通过 HSRP 就可以自动切换实现备份。

知识服务

第9章 ─┬─ HSRP的原理 ─┬─ HSRP的相关概念
       │   ├─ HSRP的状态
       │   ├─ HSRP的计时器
       │   └─ HSRP与VRRP的区别
       └─ HSRP的配置及应用 ─┬─ HSRP的配置
                            └─ HSRP的故障排查

9.1　HSRP 的原理

建设企业网络的主要目的是让最终用户可以访问网络中的数据与服务。最终用户往往把企业网络作为一个整体系统来看待，并不关心到底是哪台具体的路由器或交换机在工作。网络工程师在设计方案时，必须使网络作为一个整体系统来提供服务，即使出现故障，也能维持正常的网络连接。HSRP 为这种情况提供了一个较好的解决方案。

9.1.1　HSRP 的相关概念

1．HSRP 概述

HSRP（Hot Standby Routing Protocol，热备份路由选择协议）是一种 Cisco 私有的技术，它确保了当网络边缘设备或接入链路出现故障时，用户通信能迅速并透明地恢复，以此为 IP 网络提供冗余性。通过应用 HSRP，可使网络的正常运行时间接近 100%，从而满足用户对网络可靠性的要求。

HSRP 为 IP 网络提供了容错和增强的路由选择功能。通过使用同一个虚拟 IP 地址和虚拟 MAC 地址，LAN 网段上的两台或者多台路由器可以作为一台虚拟路由器对外提供服务。HSRP 使组内的 Cisco 路由器能互相监视对方的运行状态。

● 　虚拟路由器组的成员通过 HSRP 消息不断地交换状态信息。

● 　如果其中一台出现故障，另一台可接替它继续完成路由功能。

LAN 网段上的主机都配置使用同一个虚拟路由器作为默认网关，并不断将 IP 包发往同一个 IP 地址和 MAC 地址。因此，路由设备的切换对主机都是透明的。HSRP 向主机提供了默认网关的冗余性，绝大多数主机以默认网关作为唯一的下一跳 IP 地址和 MAC 地址。另外，通过多个热备份组，路由器可以提供冗余备份，并在不同的 IP 子网上实现负载均衡。

如图 9.1 所示，一组路由器（由于三层交换机具有路由功能，所以在此将三层交换机看成是路由器）一起工作，并作为一个虚拟路由器呈现给该 VLAN 上的所有主机。通过这种方式，HSRP 支持在某个路由器出现故障时快速地替换默认网关。在关键应用和设计容错性的网络环境中，HSRP 特别有用。通过共同提供一个 IP 地址和 MAC 地址，两个或者多个路由器可以作为一个虚拟路由器，当某个路由器按计划停止工作或出现预料之外的故障时，其他路由器能够无缝地接替它进行路由选择。

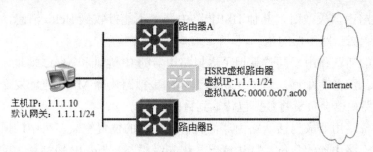

图 9.1 HSRP 创建了一个有自己 MAC 地址和 IP 地址的虚拟路由器

2. HSRP 组成员

HSRP 备份组由一台活跃路由器、一台备份路由器、一台虚拟路由器和其他路由器组成（在三层交换机配置 HSRP 时也使用 HSRP 定义的备份路由器等名称），如图 9.2 所示。

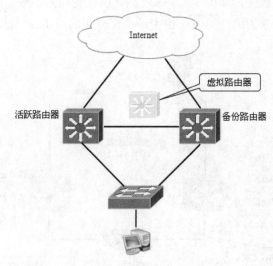

图 9.2 HSRP 组成员

其中，各路由器的功能如下：

- 活跃路由器的功能是转发发送到虚拟路由器的数据包。组中的另一台路由器被选为备份路由器。活跃路由器通过发送 Hello 消息来承担和保持它活跃的角色。
- 备份路由器的功能是监视 HSRP 组的运行状态，并且当活跃路由器不能运行时，迅速承担起转发数据包的责任。备份路由器也传输 Hello 消息，告知组中所有路由器备份路由器的角色和状态变化。
- 虚拟路由器（即该 LAN 上的网关）的功能是向最终用户提供一台可以连续工作的路由器。虚拟路由器配有它自己的 IP 地址和 MAC 地址，但实际并不转发数据包。
- HSRP 备份组可以包含其他路由器。这些路由器监视 Hello 消息，但不做应答；转发任何经由它们的数据包，但并不转发经由虚拟路由器的数据包。

当活跃路由器失效时，其他 HSRP 路由器将不能接收到 Hello 消息，随后备份路由器就承担起活跃路由器的角色。

因为新的活跃路由器同时承担了虚拟路由器的 IP 地址和 MAC 地址，所以，末端主机感觉不到服务有中断。这些主机将继续向虚拟路由器 MAC 地址发送数据包，并且新的活跃路由器会负责将数据包传输到目的地。

随着备份路由器成为活跃路由器，备份路由器的位置空缺，组中的所有其他路由器将竞争备份路由器的角色。默认情况（优先级相同）下，IP 地址最大的路由器将成为新的备份路由器。尽管一个 HSRP 组中可以有多台路由器，但只有活跃路由器才负责转发发送到虚拟路由器的数据包。

3. HSRP 的具体工作原理

HSRP 组内的每个路由器都有指定的优先级（Priority），用于衡量路由器在活跃路由器选择中的优先程度，如图 9.3 所示。默认的优先级是 100，它是用户配置中的可选项，可以是 0 ～ 255 内的任何值。组中最高优先级的路由器将成为活跃路由器。

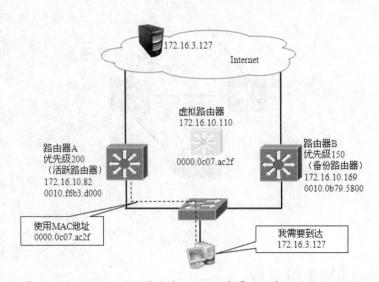

图 9.3　活跃 HSRP 路由器通过 HSRP 组成员的优先级的设定而确定

活跃路由器替代虚拟路由器对数据流进行响应。如果末端主机发送了一个数据包到虚拟路由器的 MAC 地址，那么，活跃路由器将接收并处理这个数据包。如果末端主机对虚拟路由器的 IP 地址发送 ARP 解析请求，那么，活跃路由器将使用虚拟路由器的 MAC 地址进行应答。

在图 9.3 中，路由器 A 的优先级为 200，路由器 B 的优先级为 150（默认优先级为 100）。路由器 A 承担活跃路由器的角色，并且转发所有到达自动生成的 HSRP 虚拟 MAC 地址的数据帧。

选择活跃路由器和备份路由器时，如果优先级相同，IP 地址大的路由器将获胜。例如，两台路由器的 HSRP 优先级都是 100，一台路由器位于此 LAN 网段的端口的 IP

地址是 1.1.1.2，另一台路由器位于此 LAN 网段的端口的 IP 地址为 1.1.1.3，则 IP 地址为 1.1.1.3 的路由器会成为此网段的活跃 HSRP 路由器。如果在 HSRP 组内，除了活跃路由器和备份路由器之外还有其他路由器，它们就会监听活跃路由器和备份路由器的状态（即它们发出的 HSRP Hello 包），以实现更强的容错能力。

运行 HSRP 的设备会发送和接收基于用户数据报协议（UDP）的组播 Hello 包，以检测路由器故障，并确定活跃路由器和备份路由器。一个组内的 HSRP 路由器会从活跃路由器那里学到 Hello 间隔、保持时间（Hold Time）和虚拟 IP 地址，就好像这些参数在每个路由器上进行了显式配置一样。如果活跃路由器由于预定的维修、电源故障或者其他原因变得不可达，则备份路由器会在数秒内接替其功能。这种功能的接替在保持时间超时后发生。

在 HSRP 的实现过程中，使用虚拟地址是实现其功能的关键。下面将详细讨论虚拟地址以及实现 HSRP 工作的各个元素。

4．虚拟 MAC 地址

ARP 在 IP 地址和 MAC 地址之间建立了一种关联。每台三层交换机都维护着一个地址解析表。三层交换机在试图联系某个设备之前，先检查其 ARP 缓存，以确定这个地址是否已经被解析。虚拟路由器的 IP 地址和相应的 MAC 地址维持在 HSRP 组中的每台三层交换机的 ARP 表中，如图 9.4 所示。

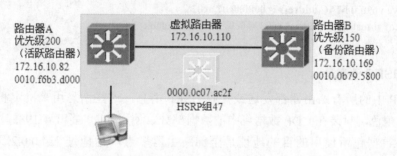

图 9.4　显示虚拟路由器所用的 MAC 地址

使用 show ip arp 命令显示三层交换机上的 ARP 缓存以及查看所有的 MAC 地址。命令如下：

```
Switch#show ip arp
Protocol  Address        Age (min)  Hardware Addr  Type   Interface
Internet  172.16.10.82       -      0010.f6b3.d000  ARPA   Vlan10
Internet  172.16.10.169      -      0010.0b79.5800  ARPA   Vlan10
Internet  172.16.10.110      -      0000.0c07.ac2f  ARPA   Vlan10
```

输出结果显示了作为 HSRP 备份组 47 成员之一的三层交换机的 ARP 缓存内容，以及虚拟路由器所用的 MAC 地址。最后一行显示虚拟路由器被标识为 172.16.10.110，与这个 IP 地址相对应的 MAC 地址是 0000.0c07.ac2f，其中，2f 是备份组 47 的标识。

虚拟路由器所用的 MAC 地址由三部分组成，如图 9.5 所示。

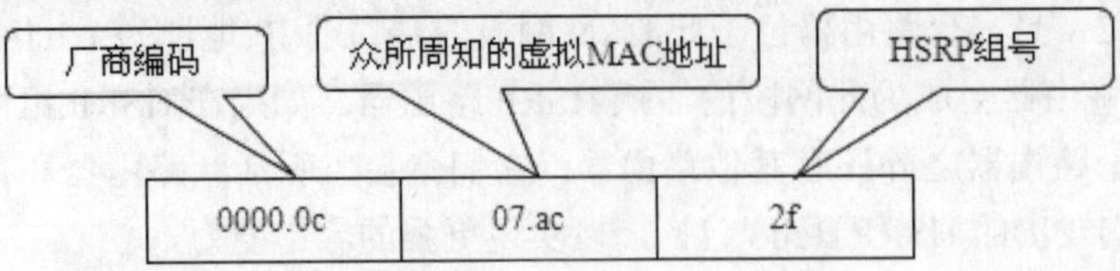

图 9.5 虚拟 MAC 地址结构（HSRP 组号为 2f）

- 厂商编码——MAC 地址的前三个字节。在本例中，厂商编码"0000.0c"，说明这是一台 Cisco 设备。
- HSRP 编码（HSRP 众所周知的虚拟 MAC 地址）——MAC 地址的后两个字节，本 MAC 地址用于一台 HSRP 虚拟路由器，HSRP 编码总是"07.ac"。
- 组号（HSRP 组号）——MAC 地址的最后一个字节是组的标示号。例如，组号 47 转换为十六进制为 2f，它将构成 MAC 地址的最后一个字节。

可以使用 show standby 命令显示每个 HSRP 组的虚拟 IP 地址和 MAC 地址，如下所示。

```
SW1#show standby
Vlan2 - Group 2
 State is Active
   2 state changes, last state change 00:18:25
  Virtual IP address is 192.168.2.254
  Active virtual MAC address is 0000.0c07.ac02
   Local virtual MAC address is 0000.0c07.ac02 (v1 default)
……
```

5. HSRP 消息

HSRP 中的所有路由器都发送或接收 HSRP 消息，这些消息用来决定和维护组内的路由器角色，封装在 UDP 数据包中的数据部分，使用 UDP 端口号 1985。

这些数据包所使用的目的地址是全部路由器多点广播地址 224.0.0.2，生存时间 TTL 值为 1。

9.1.2 HSRP 的状态

HSRP 配置的路由器有六种状态，分别如下：

- 初始状态。
- 学习状态。
- 监听状态。
- 发言状态。
- 备份状态。
- 活跃状态。

并不是所有的 HSRP 路由器都经历所有状态。例如，不是备份路由器或者活跃路由器的路由器，就不会经历备份状态和活跃状态。

（1）初始状态

所有路由器都从初始状态开始。这是一种起始状态，同时表明 HSRP 还没有运行。配置发生变化或一个端口第一次启用时，就进入该状态。

（2）学习状态

路由器等待来自活跃路由器的消息。这时，路由器还没有看到来自活跃路由器的 Hello 消息，也没有学习到虚拟路由器的 IP 地址。

（3）监听状态

路由器知道了虚拟路由器的 IP 地址，但它既不是活跃路由器，也不是备份路由器。这时，路由器监听来自活跃路由器和备份路由器的 Hello 消息。除活跃路由器和备份路由器之外的路由器都保持监听状态。

（4）发言状态

路由器周期性地发送 Hello 消息，并参与活跃路由器或备份路由器的竞选。路由器在获得虚拟路由器的 IP 地址之前，不能进入发言状态。

（5）备份状态

路由器是成为下一个活跃路由器的候选设备，并且它也周期性地发送 Hello 消息。在一个组中只有一台备份路由器。

（6）活跃状态

在活跃状态，路由器负责转发发送到备份组的虚拟 MAC 地址的数据包。活跃路由器周期性地发送 Hello 消息。在一个组中，必须有且只有一台活跃路由器。

9.1.3　HSRP 的计时器

HSRP 使用两个计时器：Hello 间隔计时器和保持时间计时器。任何状态的 HSRP 路由器都会在 Hello 间隔计时器超时后生成 Hello 包。默认的 Hello 间隔是 3s，默认的保持时间是 10s。

未配置计时器的路由器会从活跃路由器或备份路由器学到这些计时器的值。活跃路由器上配置的计时器值会覆盖其他路由器上的计时器设定值。同一个 HSRP 组内的路由器应该使用相同的计时器值。通常，保持时间会大于或等于 Hello 间隔的三倍，并且保持时间的取值必须大于 Hello 间隔。

其他 HSRP 路由器按照保持时间对活跃路由器进行监控：当收到任何活跃路由器发出的 Hello 包时，路由器会根据 HSRP Hello 消息中的相应字段重置保持时间值。

通常，默认的 HSRP 计时器值适用于大多数的 LAN 网段。

9.1.4　HSRP 与 VRRP 的区别

HSRP 是 Cisco 的专有协议。在 Cisco 的 HSRP 之后，Internet 工程任务组（Internet Engineering Task Force，IETF）也制定了一种路由备份冗余协议：虚拟路由器冗余协

议（Virtual Router Redundancy Protocol，VRRP）。目前，包括 Cisco 在内的主流厂商均已在其产品中支持 VRRP 协议。

VRRP 的工作原理与 HSRP 相似，也是将系统中的多台路由器组成 VRRP 组，该组拥有同一个虚拟 IP 地址作为 LAN 的默认网关地址。在任何时刻，一个组内控制虚拟 IP 地址的路由器是主路由器（Master），由它来转发数据包。如果主路由器发生了故障，VRRP 组将选择一个优先权最高的冗余备份路由器（Backup）作为新的主路由器。

VRRP 和 HSRP 也有很多不同。VRRP 与 HSRP 的一个主要区别表现在安全性方面：VRRP 允许参与 VRRP 组的设备间建立认证机制。另一个主要区别是：VRRP 中只有三种状态——初始状态（Initialize）、主状态（Master）、备份状态（Backup），而 HSRP 有六种状态。另外，在报文类型、报文格式和通过 TCP 而非 UDP 发送报文方面也有所不同。

9.2　HSRP 的配置及应用

9.2.1　HSRP 的配置

公司为了增强网络的稳定性，决定在公司内网部署 HSRP。如图 9.6 所示为公司内部网络拓扑示意图，具体网络规划如图中所示（交换机之间的链路均为中继链路）。网络中的其他基本配置（VLAN、TRUNK、IP 地址等）已经完成。现需要为 PC 所在的 VLAN2 配置 HSRP 实现备份冗余，具体配置分以下几步完成。

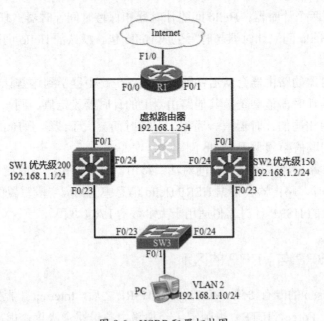

图 9.6　HSRP 配置拓扑图

1. 配置为 HSRP 的成员

要将三层交换机配置为一个 HSRP 组的成员，可以在 VLAN 虚拟接口配置模式下输入下面的命令。

```
Switch(config-if)#standby group-number ip virtual-ip-address
```

其中：

- group-number：表示该端口所属的 HSRP 组。通过在备份命令中指定一个唯一的组号，可以创建多个 HSRP 组。默认组号是 0，可配置范围是 0 ～ 255。
- virtual-ip-address：表示虚拟 HSRP 路由器的 IP 地址，即网段的网关地址。如果指定了 IP 地址，则该地址就会作为该组的 HSRP 地址。如果没有指定 IP 地址，路由器就会通过 HSRP Hello 消息学到虚拟地址。在选择活跃路由器时，线路上至少要有一台路由器被配置或者学习到了虚拟 IP 地址。需要注意配置的虚拟 IP 地址必须和端口配置的实际地址处于同一网段。

在配置了此命令后，端口会改变为适当的 HSRP 状态。

将图 9.6 中的 SW1、SW2 的 VLAN2 接口配置为 HSRP 成员，HSRP 组号为 10。配置命令如下：

```
SW1(config)#interface vlan 2
SW1(config-if)#ip address 192.168.1.1 255.255.255.0
SW1(config-if)#standby 10 ip 192.168.1.254
```

SW2 的配置和 SW1 的相同，此处省略。

如果需要从 HSRP 组中取消一个端口，可以在上述命令前加关键字"no"。例如，将 SW1 的 VLAN2 虚拟接口从 HSRP 组 10 中移除，命令如下：

```
SW1(config-if)#no standby 10 ip 192.168.1.254
```

2. 配置 HSRP 的优先级

用户可以指定端口在组内的优先级。这样，在发生故障时，用户可以灵活地指定端口顺序。优先级数值高的将成为活跃路由器，指定优先级可使用下面的命令。

```
Switch(config-if)#standby  group-number  priority  priority-value
```

其中，priority-value 的范围是 0 ～ 255，默认值是 100。

图 9.6 中 SW1 的 VLAN2 接口优先级为 200，SW2 的 VLAN2 接口优先级为 150，配置命令如下：

```
SW1(config-if)#standby 10 priority 200
```

```
SW2(config-if)#standby 10 priority 150
```

3. 配置 HSRP 的占先权

当活跃路由器失效或从网络中移出时，备份路由器将自动承担起活跃路由器的角色。即使有更高优先级的原活跃路由器又重新开始在网络上工作，这台新的活跃路由器仍然会继续作为转发路由器。

要想使原先的活跃路由器（优先级高）能够从优先级较低的新活跃路由器那里重新取回转发权，恢复转发路由器的角色，可以使用下面的命令。

```
Switch(config-if)#standby group-number preempt
```

在配置了 standby preempt 命令之后，原先优先级高的端口将变成活跃状态。当路由器在网络上成为活跃路由器时，系统就会自动提示如下消息。

```
*Mar  1 00:55:02.125: %HSRP-5-STATECHANGE: Vlan2 Grp 10 state Standby -> Active
```

除了上述情况外，还有其他一些情况也需要配置占先权。

- 配置 HSRP 时，先配置低优先级的路由器 A，当配置完成后它会确认 HSRP 组中其他路由器的状态和优先级。此时路由器 A 是 HSRP 组中的唯一设备，路由器 A 认为自身优先级最高而成为活跃路由器。在路由器 A 成为活跃路由器后，再配置高优先级的路由器 B，如果没有配置占先权，则路由器 B 将不会成为活跃状态，而成为备份状态。
- 当网络中的 HSRP 组工作正常，路由器 A 优先级为 200，路由器 B 优先级为 100，则路由器 A 成为活跃路由器。在路由器 A 上配置端口跟踪，优先级降低 150（具体将在后面讲解）。当跟踪的端口链路出现故障时，路由器 A 的优先级降低为 50，路由器 B 成为 HSRP 组中优先级最高的设备。这时如果路由器 B 没有配置占先权，则不会成为活跃路由器。

由此可以看出，如果网络中已经存在活跃路由器，则新加入 HSRP 组中没有配置占先权的路由器无论其优先级高低都不会成为活跃路由器。

在图 9.6 中首先配置优先级低的交换机 SW2，然后再配置 SW1。配置完成后，通过 show standby brief 命令查看 HSRP 的状态，如下所示。

```
SW1#show standby brief
        P indicates configured to preempt.
        |
Interface Grp Pri P State  Active        Standby    Virtual IP
Vl2       10  200   Standby 192.168.1.2   local      192.168.1.254
```

从 HSRP 状态中可以看出，高优先级的 SW1 处于 Standby（备份）状态，而低优先级的 SW2 处于 Active（活跃）状态。这是没有配置占先权引起的，现在为 SW1、SW2 的 VLAN2 接口配置占先权，命令如下：

```
SW1(config-if)#standby 10 preempt          //SW2 配置相同
```

配置完成后出现如下提示消息。

```
*Mar  1 06:39:59.697: %HSRP-5-STATECHANGE: Vlan2 Grp 10 state Standby -> Active
```

再使用 show standby brief 命令查看 HSRP 的状态，发现 SW1 已经处于 Active 状态，而 SW2 处于 Standby 状态，如下所示。

```
SW1#show standby brief
              P indicates configured to preempt.
          |
Interface  Grp  Pri P State  Active      Standby      Virtual IP
Vl2        10   200 P Active  local       192.168.1.2  192.168.1.254
```

4. 配置 Hello 消息的计时器

默认计时器值在很多网络中都工作得很好，一般情况下不需要修改。然而，如果 Hello 包需要经过有时会拥塞的网络，可以修改这些值。命令如下：

```
Switch(config-if)#standby group-number times hellotime holdtime
```

其中，hello 间隔时间默认为 3s，设置范围是 1 ～ 255；保持时间最少应该是 Hello 间隔时间的三倍，默认的保持时间是 10s。

将图 9.6 中 SW1、SW2 的 Hello 间隔时间和保持时间分别配置为 2s 和 8s。命令如下：

```
SW1(config-if)#standby 10 timers 2 8        //SW2 配置相同
```

> 📢 **注意**
>
> 同一个 HSRP 组中的 Hello 间隔时间和保持时间应该配置相同。

5. 配置 HSRP 的端口跟踪

在某些情况下，通往外部网络的端口状态直接影响着哪台路由器需要变成活跃路由器，尤其是当 HSRP 组中的每台路由器都有一条到达外部网络资源（或网关路由器）的不同路径时。

如图 9.7 所示，HSRP 组中的活跃路由器到达 Internet 的链路失效时，尽管对应的外部端口不再可用，该路由器仍然可以从其他端口发送 Hello 消息，表明该路由器是活跃的。因此，被发送到虚拟路由器的数据包可能不能正确转发到外部网络。

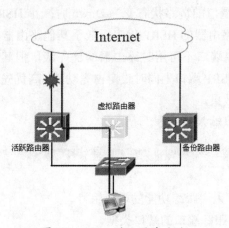

图 9.7　HSRP 端口跟踪（1）

如图 9.8 所示，HSRP 组中的活跃路由器到达 Internet 的链路失效时，同样会导致被发送到虚拟路由器的数据包不能正确转发到外部网络（活跃路由器需要有到备份路由器的路由才能被正确转发）。

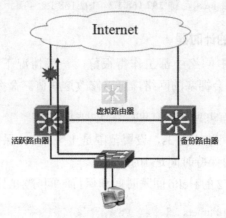

图 9.8　HSRP 端口跟踪（2）

上述两种情况都会导致网络故障。所以，可以使用 HSRP 的端口跟踪功能使得活跃路由器的优先级能够基于路由器端口的可用性而进行自动调整。当活跃路由器上的一个被跟踪端口变为不可用时，活跃路由器的 HSRP 优先级将被降低。

在图 9.7 和图 9.8 中，如果活跃路由器到达 Internet 的链路出现故障（端口变为 Down），HSRP 会自动通过将当前活跃路由器的优先级减小为比备份路由器更小的值来改变路由器状态（使备份路由器成为当前活跃路由器）。这可以保证无论出现什么故障，都可以通过活跃路由器连接到其他网络。

占先权和跟踪功能也使得发生故障的活跃路由器在端口链路恢复时，能重新成为活跃路由器。

总之，利用 HSRP 跟踪（HSRP Tracking）功能，可以指定 HSRP 监控路由器上的另一个端口。如果被跟踪端口的状态变为 Down，其他路由器就接替其成为活跃路由器。这一过程是通过被跟踪端口的链路状态变为 Down 时减小 HSRP 的优先级来实现的。减小优先级的目的是让路由器的 HSRP 优先级低于其他路由器，默认的减小值是 10。HSRP 跟踪功能减少了主端口不可用时路由器的优先级，但其仍保持活跃路由器的可能性。通用的原则是在 HSRP 端口上同时设定占先功能（高优先级和低优先级都配置），以提供最佳的故障切换效果。

配置端口跟踪，可以输入的命令。

Switch(config-if)#standby group-number track interface-type mod/num interface- priority

其中：

- group-number：采用跟踪功能的端口组号。
- interface-type：跟踪端口的端口类型。

- mod/num：跟踪端口的端口号。
- interface-priority：当端口失效时，路由器的热备份优先级将降低该数值；当端口变为可用时，路由器的优先级将加上该数值，默认值为 10。

要关闭端口跟踪功能，可以使用 no standby group-number track 命令。

在图 9.6 中，SW1 上配置端口跟踪，跟踪端口为 F0/1，优先级降低 100，配置命令如下：

```
SW1(config-if)#standby 10 track fastEthernet 0/1 100
```

6. 检查 HSRP 的状态

要显示 HSRP 路由器的状态，在特权模式下输入如下命令。

```
Switch#show standby [interface-type mod/num] [group-number] brief
```

其中：

- interface-type mod/num：要显示的端口类型和序号。
- group-number：要显示的具体 HSRP 组。
- brief：显示摘要信息，每个备份组总结显示一行输出。

如果没有指定这些任选端口参数，则使用 show standby 命令可以显示所有端口的 HSRP 信息。

经过上述配置，图 9.6 中的 HSRP 已配置完成，在 SW1 上查看 HSRP 状态，使用 show standby brief 命令将显示所有 HSRP 组的摘要信息，如下所示。

```
SW1#show standby brief
                P indicates configured to preempt.
Interface  Grp Pri P State  Active       Standby      Virtual IP
Vl2        10  200 P Active local        192.168.1.2  192.168.1.254
```

此输出表明，交换机 SW1 上 VLAN2 虚拟接口属于 HSRP 10 组，优先级是 200。并且 SW1 目前处于活跃状态，组中备份路由器的 IP 地址是 192.168.1.2，虚拟 IP 地址是 192.168.1.254。

也可以使用 show standby 命令查看 HSRP 的详细信息，如下所示。

```
SW1#show standby
Vlan2 - Group 10            // 接口和接口加入的 HSRP 组号，即 VLAN2 接口加入了 HSRP 10 组
  State is Active           // 该路由器是活跃路由器
    2 state changes, last state change 01:53:25        // 经历的状态变化和最后变化的时间
  Virtual IP address is 192.168.1.254                  // 虚拟 IP 地址
  Active virtual MAC address is 0000.0c07.ac0a         // 虚拟 MAC 地址
    Local virtual MAC address is 0000.0c07.ac0a (v1 default)
  Hello time 2 sec, hold time 8 sec                    //Hello 时间和保持时间
    Next hello sent in 0.608 secs                      // 下次发送 Hello 报文的剩余时间
  Preemption enabled                                   // 启用占先权
  Active router is local                               // 该路由器是活跃路由器
                                                       // 备份路由器的 IP 地址及优先级
```

```
Standby router is 192.168.1.2, priority 150 (expires in 8.192 sec)
Priority 200 (configured 200)                        // 本地路由器的优先级
                              // 配置的端口跟踪及端口出现故障后降低的优先级
  Track interface FastEthernet0/1 state Up decrement 100
  Group name is "hsrp-Vl2-10" (default)
```

为 PC 配置 IP 地址和网关（虚拟 IP 地址）之后，PC 就可以访问 R1 路由器了。当 SW1 和 R1 的链路出现故障时，SW1 的优先级将降低 100（变成 100），此时 SW2 的优先级（150）将高于 SW1，并且 SW2 配置了占先权，所以 SW2 将成为活跃路由器。结果如下：

```
SW1(config)#interface fastEthernet 0/1
SW1(config-if)#shutdown
SW1(config-if)#exit
SW1#show standby brief
            P indicates configured to preempt.

Interface  Grp Pri P State  Active       Standby    Virtual IP
Vl2         10  100 P Standby 192.168.1.2  local      192.168.1.254
```

9.2.2 HSRP 的故障排查

无论是在配置 HSRP 的过程中还是在 HSRP 网络运行中，总会出现一些故障，下面介绍 HSRP 网络中常见的几种故障。

（1）配置完成的热备份路由器都处于初始状态。

如果在配置时，VLAN 接口只配置了虚拟 IP 地址，没有配置实际物理 IP 地址，将造成 HSRP 组中的成员都处于初始状态。

```
SW1#show standby brief
            P indicates configured to preempt.
            |
Interface  Grp Prio P State  Active     Standby    Virtual IP
Vl2         2   150  P Init  unknown    unknown    192.168.2.254
Vl3         3   100  P Init  unknown    unknown    192.168.3.254
```

（2）配置完成的热备份路由器都处于活跃状态。

当同一 HSRP 组中的路由器之间不能通信时，路由器将认为自己是组中唯一的路由器，并使自己成为活跃状态。

```
SW1#show standby brief
            P indicates configured to preempt.
            |
Interface  Grp Prio P State   Active Standby    Virtual IP
Vl2         2   150  P Active local  unknown    192.168.2.254
Vl3         3   100  P Active local  unknown    192.168.3.254
```

如果出现同一 HSRP 组中的路由器都处于活跃状态，也有可能是组号配置不一致导致的，这是由于每个 HSRP 组中只有一台路由器。

（3）当活跃路由器出口链路出现故障时，备份路由器没有成为活跃状态。

这可能由两种情况导致：第一，没有配置端口跟踪，导致链路出现故障后优先级没有发生变化；第二，低优先级的路由器没有配置占先权，导致此路由器优先级最高时，也不会进行主备切换。

```
SW1#show standby vlan 2 brief
        P indicates configured to preempt.
        |
Interface  Grp Prio P State    Active    Standby        Virtual IP
Vl2         2   50  P Active   local     192.168.2.2    192.168.2.254

SW2#show standby vlan 2 brief
        P indicates configured to preempt.
        |
Interface  Grp Prio P State    Active        Standby    Virtual IP
Vl2         2  100    Standby  192.168.2.1   local      192.168.2.254
```

（4）网络出现故障，备份路由器变为活跃状态，网络故障恢复时，原来的活跃路由器接入网络成为备份状态而没有成为活跃状态。

造成这种现象的原因是：如果没有配置占先权，当优先级高的路由器接入到 HSRP 组中时，也不会成为活跃路由器。

本章总结

- 使用 HSRP 将一组设备组合在一起，从主机来看它们就像一台虚拟的设备。
- 要想原先的活跃路由器（优先级高）能够从优先级较低的新活跃路由器那里重新取回转发权，恢复转发路由器的角色，需要为其配置占先权。
- 利用 HSRP 端口跟踪功能，可以指定 HSRP 监控路由器上的另一个端口。如果被跟踪端口的状态变为 Down，其他路由器就接替它成为活跃路由器。
- 在配置 HSRP 或维护 HSRP 的过程中，要注意几种常见的故障。

本章作业

1. 简述 HSRP 中占先权的含义。

2. 简述 HSRP 中端口跟踪的含义。

3. 如图 9.9 所示，各交换机之间的接口为 Trunk 模式，在交换机上配置 HSRP 和 PVST+ 生成树，并实现 VLAN 的负载均衡。

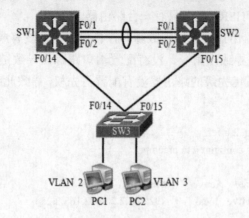

图 9.9 网络拓扑图

网络规划如下。

- 活跃路由器优先级为 150，备份路由器优先级为 100。
- 在 SW1 交换机上的 VLAN 接口地址如下：
  - ◆ VLAN 2：192.168.2.1/24。
  - ◆ VLAN 3：192.168.3.1/24。
- 在 SW2 交换机上的 VLAN 接口地址如下：
  - ◆ VLAN 2：192.168.2.2/24。
  - ◆ VLAN 3：192.168.3.2/24。
- PC 的 IP 地址及网关如下：
  - ◆ PC1 的 IP 地址为 192.168.2.10/24，网关为 192.168.2.254/24。
  - ◆ PC2 的 IP 地址为 192.168.3.10/24，网关为 192.168.3.254/24。

4. 用课工场 APP 扫一扫，完成在线测试，快来挑战吧！

第 10 章

IP 子网划分

技能目标

- 理解有类地址和无类地址的概念
- 能够进行子网划分
- 能够进行地址汇总
- 能够进行地址规划

本章导读

之前我们曾学习了 IP 地址的分类和使用，A、B、C 三类地址的掩码分别是 /8、/16、/24，那么有没有其他形式的掩码（例如 /28、/30）呢？本章将介绍子网划分、地址汇总等内容。

知识服务

```
                                              ┌─ 子网划分的原因
                        ┌─ 子网划分基础 ──────┤
                        │                     └─ 子网划分的原理
                        │
                        │                     ┌─ C 类地址划分
                        │                     │
                        │                     ├─ B 类地址划分
          ┌─ 第10章 ────┼─ 子网划分的应用 ────┤
                        │                     ├─ 判断可用的 IP 地址
                        │                     │
                        │                     └─ 子网划分实例
                        │
                        ├─ IP 地址汇总
                        │
                        │                     ┌─ IP 地址规划的原则
                        └─ IP 地址规划及应用 ─┤
                                              └─ IP 地址规划实例
```

10.1　子网划分基础

10.1.1　子网划分的原因

考虑这样一种情况，如果某公司托管在 IDC 机房 60 台服务器，IDC 为这 60 台服务器分配一个 C 类地址（254 个主机地址），显然有很多 IP 地址会被浪费掉，而且公司也要承担这部分额外的费用，所以这种方法显然是不可取的。

另外，在一些公司内部，虽然可以任意分配私有地址，但为了网络安全考虑，也要对 IP 地址的使用情况进行控制。

总之，为了更好地使用 IP 地址，可以把 IP 地址进一步划分为更小的网络，即子网划分。经过子网划分后，IP 地址的子网掩码不再是具有标准 IP 地址的掩码，由此 IP 地址可以分为两类：有类地址和无类地址。

- 有类地址：标准的 IP 地址（A、B、C 三类）属于有类地址。例如，A 类地址掩码 8 位，B 类地址掩码 16 位，C 类地址掩码 24 位，都属于有类地址。
- 无类地址：对 IP 地址进行子网划分，划分后的 IP 地址不再具有有类地址的特征，这些地址称为无类地址。

10.1.2　子网划分的原理

子网划分是通过子网掩码的变化实现的，不同的子网掩码可以分割出不同的子网，这就像是用刀子分割大饼，如图 10.1 所示，一张饼可以被分成几份，每份有多少，完全取决于怎么切。

将一张饼切成 4 份　　每份是原来的 1/4　　将一张饼切成 8 份　　每份是原来的 1/8

图 10.1　分割大饼

具体到 IP 地址又是怎么回事呢？举个实例，假如要把 192.168.1.0/24 这个大网段分割成四个小网段，该怎么做呢？

这时就需要将主机位划到网络位，如果将一位主机位划到网络位（一位有两种变化 0、1），原有网段将被分为两部分；如果将两位主机位划到网络位（两位有四种变化 00、01、10、11），则网段被分为四部分，如图 10.2 所示。

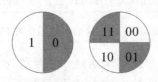

图 10.2　网段划分

所以要将网段划分为四个小网段，只需将主机位的两位划到网络位即可，如图 10.3 所示，也就是把子网掩码的分界线向后挪两位（即借位或租位）就能实现。

图 10.3　子网掩码的变化

这样做的结果就是原本 192.168.1.0/24（范围为 192.168.1.0 ～ 192.168.1.255）这个大网段被分割成四个小网段，分别是：192.168.1.0 ～ 192.168.1.63；192.168.1.64 ～ 192.168.1.127；192.168.1.128 ～ 192.168.1.191；192.168.1.192 ～ 192.168.1.255。如图 10.4 所示。

```
11111111. 11111111. 11111111. 11000000=255. 255. 255. 192
11000000. 10101000. 00000001. 11000000=192. 168. 1. 0
11000000. 10101000. 00000001. 00000000=192. 168. 1. 0
11000000. 10101000. 00000001. 01000000=192. 168. 1. 64
11000000. 10101000. 00000001. 10000000=192. 168. 1. 128
11000000. 10101000. 00000001. 11000000=192. 168. 1. 192
```

```
11000000. 10101000. 00000001. 00000000=192. 168. 1. 0    ← 子网地址
11000000. 10101000. 00000001. 00000001=192. 168. 1. 1
11000000. 10101000. 00000001. 00000010=192. 168. 1. 2
11000000. 10101000. 00000001. 00000011=192. 168. 1. 3
11000000. 10101000. 00000001. 00000100=192. 168. 1. 4
11000000. 10101000. 00000001. 00000101=192. 168. 1. 5
                                                          有效主机地址
11000000. 10101000. 00000001. 00111010=192. 168. 1. 58
11000000. 10101000. 00000001. 00111011=192. 168. 1. 59
11000000. 10101000. 00000001. 00111100=192. 168. 1. 60
11000000. 10101000. 00000001. 00111101=192. 168. 1. 61
11000000. 10101000. 00000001. 00111110=192. 168. 1. 62
11000000. 10101000. 00000001. 00111111=192. 168. 1. 63    ← 广播地址
```

图 10.4　将 /24 的网段划分为 /26

就像把 192.168.1.0/24 这张大饼切成四份，每份是原来的 1/4。此时的主机位已经变成六位了，主机位全"0"或者全"1"都是"不可用"地址，是不能分配给单个主机的。所以每个网段可用地址数应该是 62（即 $2^6-2=62$）个。

那么，如果是 /27 呢？下面来看看，将一个 C 类网络（/24）的网络位从主机位借走三位，也就是说子网掩码的分界线向后移动了三位，这时的子网掩码为 /27，如图 10.5 所示。

11000000.10101000.00000001.00000000~00011111	192.168.1.0~192.168.1.31
11000000.10101000.00000001.00100000~00111111	192.168.1.32 ~192.168.1.63
11000000.10101000.00000001.01000000~01011111	192.168.1.64 ~192.168.1.95
11000000.10101000.00000001.01100000~01111111	192.168.1.96 ~192.168.1.127
11000000.10101000.00000001.10000000~10011111	192.168.1.128 ~192.168.1.159
11000000.10101000.00000001.10100000~10111111	192.168.1.160 ~192.168.1.191
11000000.10101000.00000001.11000000~11011111	192.168.1.192 ~192.168.1.223
11000000.10101000.00000001.11100000~11111111	192.168.1.224 ~192.168.1.255

图 10.5　将 /24 的网段划分为 /27

显而易见，如果用 /27 这个掩码来划分，会得到八（即 2^3=8）个子网，每个子网有 32 个地址，其中只有 30（即 2^5-2=30）个是可用的。

10.2　子网划分的应用

10.2.1　C 类地址划分

如图 10.6 所示，IP 地址经过一次子网划分后，变为由三部分组成，即网络地址部分、子网地址部分和主机地址部分。

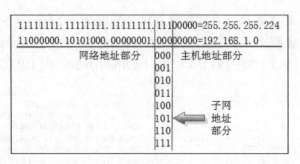

图 10.6　子网位

可以这样理解：用 /26 这个掩码来划分 C 类地址 192.168.1.0 能得到四个子网，是由于子网位可以有四种变化（00、01、10、11）。于是，可以总结出一个计算子网个数的公式 2^n（n 是子网位的位数）。而每个子网的主机数完全取决于主机位，这点前面已经讲述过了。所以根据子网掩码可以计算出子网数和可用主机数。

例如，公司采用 C 类地址 192.168.50.0/24，由于工作需要而使用子网掩码 /28 对其进行划分，则划分后的子网数和每个子网中的主机数是多少？

根据子网掩码 /28，可以立刻了解到网络位和主机位的分界线在第四个八位中间，如图 10.7 所示。

子网数取决于子网位，主机数取决于主机位，它

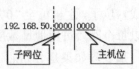

图 10.7　子网划分实例

们都是四位，那么套用公式 $2^n=2^4=16$，得出子网数为 16。而可用的主机数应该是 16-2=14，因为有两个 IP 地址不能用。

一个有类地址划分子网后的子网数和主机数可以由以下公式来计算。

● 子网数 = 2^n，其中 n 为子网部分位数。

● 主机数 = 2^N-2，其中 N 为主机部分位数。

/25、/26、/27、/28、/29、/30 对 C 类地址划分子网的情况如表 10-1 所示。

表 10-1　子网掩码及相关参数对应表

子网掩码	子网数	主机数	可用主机数
/25	2	128	126
/26	4	64	62
/27	8	32	30
/28	16	16	14
/29	32	8	6
/30	64	4	2

注意

一般情况下不使用 /31 的掩码，而 /32 的掩码一般在配置 Loopback 接口地址时将其作为设备管理地址，这样可以节约地址。

在实际网络中，往往有这样的需求。例如，某公司共有生产部、销售部、财务部、客服部四个部门，每个部门的主机数最多不超过 50 台。若该公司获得了一个 C 类地址 192.168.100.0/24，应该如何划分子网呢？

● 为四个部门划分四个子网，根据公式 $2^n=4$ 得出 n=2，即子网部分位数为 2。

● 主机部分位数为 8-2=6，则可用的主机数为 $2^6-2=62$，因为每个部门的主机数最多不超过 50 台，所以可以满足要求。

子网划分结果如表 10-2 所示。

表 10-2　子网划分结果（1）

部门	网段	掩码（点分十进制）	有效主机地址
生产部	192.168.100.0/26	255.255.255.192	62
销售部	192.168.100.64/26	255.255.255.192	62
财务部	192.168.100.128/26	255.255.255.192	62
客服部	192.168.100.192/26	255.255.255.192	62

🔗 请思考

（1）如果该公司有五个部门，每个部门的主机数最多不超过30台，应该如何划分子网呢？

（2）如果该公司有七个部门，每个部门的主机数最多不超过25台，应该如何划分子网呢？

有时候需要更加灵活地划分子网，即一个网络可以划分为不同的子网。在上面的例子中，如果生产部有主机100台，销售部有主机50台，财务部有主机25台，客服部有主机12台，应该如何划分子网呢？

根据各部门不同的主机数划分子网，划分结果如表10-3所示。

表 10-3　子网划分结果（2）

部门	网段	掩码（点分十进制）	有效主机地址
生产部	192.168.100.0/25	255.255.255.128	126
销售部	192.168.100.128/26	255.255.255.192	62
财务部	192.168.100.192/27	255.255.255.224	30
客服部	192.168.100.224/27	255.255.255.224	30

当一个IP网络分配不止一个子网掩码时，就需要使用可变长子网掩码（Variable-Length Subnet Masks，VLSM），VLSM允许把子网继续划分为子网。上述网络就使用了VLSM，划分过程如图10.8所示。

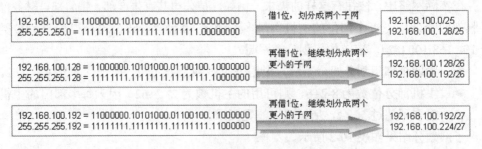

图 10.8　使用 VLSM 划分子网

🔗 请思考

某公司共有生产部、研发部、销售部、财务部、客服部五个部门和一组服务器，其中生产部和研发部各有主机50台，销售部、财务部和客服部各有主机20台，服务器组有主机6台。该公司使用C类地址192.168.10.0/24，应该如何划分子网呢？

10.2.2　B 类地址划分

B 类地址的子网划分和 C 类地址相似，只是划分子网在不同的八个比特位。例如，172.16.0.0/17 表示子网掩码为 255.255.128.0，类比 C 类地址划分情况，可知子网部分为一位，即将此 B 类地址划分为两个网段，子网号为 172.16.0.0（与 B 类地址网络地址相同），广播地址为 172.16.127.255，可用主机地址为 2^{15}-2 个。

10.2.3　判断可用的 IP 地址

如何通过一个给定地址计算其子网地址和广播地址呢？例如，IP 地址为 159.64.25.100/25，其子网地址和广播地址的计算过程如下：

（1）写出二进制形式的子网掩码。

（2）写出二进制形式的 IP 地址。

（3）确定子网部分，在网络位和子网位之间画一条线，然后在子网位和主机位之间画一条线。本例 IP 地址为 B 类地址，所以网络位共 16 位，可以确定第一条线，然后查看掩码，其中 0 表示主机位，1 表示网络位和子网位，由此可以确定第二条线，两条线中间为子网部分。

（4）将二进制表示的 IP 地址划分出网络部分、子网部分和主机部分，设置主机位全部为 0，得到的地址为主机地址所属的子网地址。

（5）将 IP 地址中的主机位全部设置为 1，得到的地址为本子网的广播地址。

具体计算过程如图 10.9 所示。

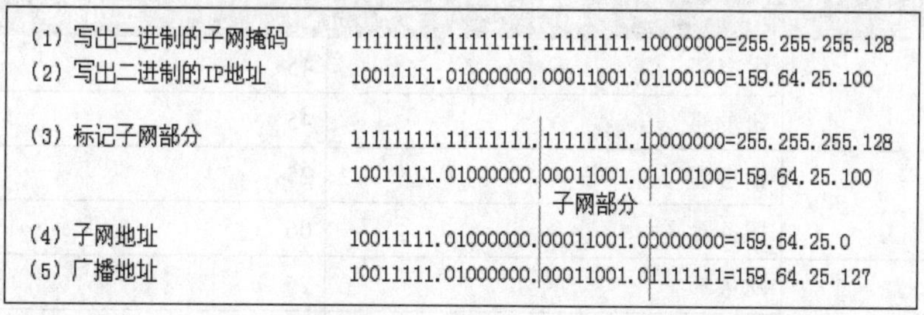

```
(1) 写出二进制的子网掩码    11111111.11111111.11111111.10000000=255.255.255.128
(2) 写出二进制的IP地址      10011111.01000000.00011001.01100100=159.64.25.100

(3) 标记子网部分           11111111.11111111.11111111.1|0000000=255.255.255.128
                          10011111.01000000.00011001.0|1100100=159.64.25.100
                                            子网部分

(4) 子网地址              10011111.01000000.00011001.0|0000000=159.64.25.0
(5) 广播地址              10011111.01000000.00011001.0|1111111=159.64.25.127
```

图 10.9　确定一个 IP 地址的子网地址和广播地址

其实只需要标识出主机位就可以得出子网地址和广播地址，即将主机位全部设置为 0 就是子网地址，全部设置为 1 就是广播地址。

可以通过上述方法进行计算，159.64.25.100/22 的子网地址为 159.64.24.0，广播地址为 159.64.27.255。

在实际工作中，子网划分往往过于复杂，因此如果将子网地址或广播地址分配给主机，而子网地址或广播地址不是有效的主机地址，就会导致网络故障。通过上面计算子网地址和广播地址的方法可以快速地确定此地址是否为有效的主机地址，从而排除故障。

10.2.4　子网划分实例

下面从实际出发，用一个公司的实例来讲解子网划分。如图 10.10 所示，该公司有五个部门：生产部、销售部、财务部、研发部、客服部，另外还有服务器区，表 10-4 列出了各个部门的计算机数量。由于该公司属于一个集团公司，所以需要按照整个集团公司的 IP 地址设计，若将 10.10.10.0/24 这个网段分配给该公司，那么如何通过子网划分来满足各个部门的需求呢？

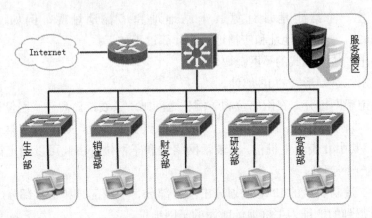

图 10.10　公司网络拓扑

表 10-4　各个部门的计算机数量

楼层	部门	主机数
一层	生产部	45
	研发部	45
二层	销售部	25
	服务器区	06
三层	财务部	25
	客服部	25

1. "软"规则

规划 IP 地址可以遵循一些"软"规则。所谓"软"规则，就是一些辅助性的规则，其目的是为了方便网络管理员统一管理。它可以借助办公室编号、楼层号等信息辅助分配 IP 地址，如给某大厦的 10 层分配 10.0.10.0/24 IP 网段，12 层分配 10.0.12.0/24 IP 网段。也可以根据办公室座次的行和列分配 IP 地址，如某员工的工位在第 2 排第 3 列，就可以给他分配 IP 地址 192.168.1.23/24。

这种"软"规则没有定论，要灵活运用。因此，规划完成后的文档记录是必不可少的。

做文档记录时，要将部门、VLAN ID、配线架端口、交换机端口等和 IP 地址对应起来，甚至有些公司会将员工姓名和 IP 地址对应在一起。总之，无论记录哪些对应关系，文档做得越细致，后期的维护工作越省力。

2．"硬"规则

所谓"硬"规则，就是指如何根据实际情况，制定出合理的划分方法。对于本案例，就是指如何根据每个部门的主机数，制定出合理的分配方案。具体操作过程如下：

（1）查看网络设计，包括每个部门拥有主机的数量、需要 IP 地址的设备数量，以及哪些设备之间需要配置互联地址。

本例中共有 165 台主机和 6 台服务器，每个设备需要配置一个管理地址，路由器和交换机之间需要配置互联地址。

（2）确定需要的子网数。

本例中共有五个部门和一个服务器区，需要六个子网，而互联地址需要一个子网，交换机的管理地址需要一个子网，路由器的管理地址需要一个子网，共需要九个子网。

（3）确定每个子网需要的 IP 地址数和使用的掩码。

在选择掩码时需要计算使用此掩码的子网中包含的有效主机地址的数量，即 2^n-2。例如，一个子网包括主机 20 台，则子网的主机位至少为 5 个，这是因为如果主机位是 4，则该子网包含的有效主机地址为 $2^4-2=14$（不够用）；如果主机位为 5，则该子网包含的有效主机地址为 $2^5=2=30$（够用）。如果需要 1200 个地址，则 $2^{10}=2=1022<1200<2^{11}-2=2046$，可以得出主机位至少为 11，即掩码为 /21。

本案例中生产部和研发部的主机数最多，同是 45 台（$2^5-2<45<2^6-2$）。所以，这两个子网地址的主机位至少为 6，选用 /26 的掩码可以满足需求，即将 10.10.10.0/26 和 10.10.10.64/26 地址段分配给生产部和研发部。

剩下的地址段为 10.10.10.128/26 和 10.10.10.192/26，使用 VLSM 继续划分子网，销售部、财务部和客服部这三个部门的主机数都是 25（$2^4-2<25<2^5-2$），所以，这三个子网的主机位至少是 5，选用 /27 的掩码可以满足需求，即将 10.10.10.128/27、10.10.10.160/27 和 10.10.10.192/27 这三个子网段分别给销售部、财务部和客服部。

剩下的地址段为 10.10.10.224/27，继续划分子网，服务器区共有六台服务器（$2^3-2=6<2^4-2$），这个子网的主机位至少是 3，即掩码为 /29。如果使用 /29 为掩码则有效的主机地址为 6 个，正好与服务器台数相同，这样既没有网关地址又不能满足扩展性的要求，所以此子网选择使用 /28 的掩码，这样就可以满足需求，即将 10.10.10.224/28 这个子网段分配给服务器区。

剩下的地址段为 10.10.10.240/28，继续为设备互联地址和管理地址划分子网。设备互联地址只需要两个有效地址即可，使用 /30 的掩码就可以满足要求，所以分配 10.10.10.252/30 作为路由器和交换机的互联地址。每个设备需要分配一个管理地址以方便管理。交换机共四台（$2^2-2<4<2^3-2$），这个子网的主机位至少是 3，选用 /29 的掩码可以满足需求，即将 10.10.10.240/29 这三个子网段分给交换机作为管理地址。

路由器的管理地址配置在 Loopback 接口，一般使用 /32 掩码，现在 10.10.10.0/24 网段还剩四个 IP 地址 10.10.10.248 ～ 10.10.10.251 可以任意使用，本案例使用 10.10.10.248/32 作为路由器的管理地址。

该公司的整体规划如表 10-5 所示。

表 10-5 IP 地址规划，使用每个子网网段的最后一个地址作为网关地址

楼层	部门	主机（数）	IP 地址	子网掩码
一层	生产部	45	10.10.10.1 ～ 10.10.10.45，10.10.10.62 为网关	/26
	研发部	45	10.10.10.65 ～ 10.10.10.110，10.10.10.126 为网关	/26
二层	销售部	25	10.10.10.129 ～ 10.10.10.153，10.10.10.158 为网关	/27
	服务器组	6	10.10.10.225 ～ 10.10.10.230，10.10.10.238 为网关	/28
三层	财务部	25	10.10.10.161 ～ 10.10.10.185，10.10.10.190 为网关	/27
	客服部	25	10.10.10.193 ～ 10.10.10.217，10.10.10.222 为网关	/27
二楼机房	设备互联地址	2	10.10.10.253 ～ 10.10.10.254	/30
	交换机管理地址	4	10.10.10.241 ～ 10.10.10.244	/29
	路由器管理地址	1	10.10.10.248	/32

📢 注意

由于网段间需要相互通信，所以每个网段需要一个有效的主机地址作为网关。

10.3 IP 地址汇总

子网划分将 A、B、C 类地址划分成更小的地址段，充分利用了 IP 地址资源，但是划分子网之后网络中又出现了许多子网，随着网络的发展，导致路由表条目出现了爆炸性的增长。IP 地址汇总是将多个网段汇总为一个网段，和子网划分正好相反。那么如何将多个地址汇总为一个地址呢？具体步骤如下：

（1）确定需要汇总的网段的子网地址。

（2）将各网段的子网地址以二进制形式写出。

（3）比较各网段用二进制表示的网络地址，从第一位比特位开始比较，记录连续的、相同的比特位，从不相同的比特位到第 32 个比特位填充 0。由此得到的地址为汇

总后网段的网络地址，其网络位为连续的、相同的比特位数。

例如，将网段 172.16.0.0/24、172.16.1.0/24、172.16.2.0/24、172.16.3.0/24、172.16.4.0/24、172.16.5.0/24、172.16.6.0/24、172.16.7.0/24 汇总为一个网段，方法如图 10.11 所示。

```
11111111. 11111111. 11111111. 00000000   =   255. 255. 255. 0
10101100. 00010000. 00000000. 00000000   =   172. 16. 0. 0/24
10101100. 00010000. 00000001. 00000000   =   172. 16. 1. 0/24
10101100. 00010000. 00000010. 00000000   =   172. 16. 2. 0/24
10101100. 00010000. 00000011. 00000000   =   172. 16. 3. 0/24
10101100. 00010000. 00000100. 00000000   =   172. 16. 4. 0/24
10101100. 00010000. 00000101. 00000000   =   172. 16. 5. 0/24
10101100. 00010000. 00000110. 00000000   =   172. 16. 6. 0/24
10101100. 00010000. 00000111. 00000000   =   172. 16. 7. 0/24
10101100. 00010000. 00000000. 00000000   =   172. 16. 0. 0/21
```

图 10.11　IP 地址汇总计算方法

将上述地址写成二进制形式，从第一位比特位开始记录连续的、相同的比特位，如图 10.11 中左边 21 个比特位。将其余比特位填充为 0，得到汇总后的子网地址，汇总后的网络为 172.16.0.0/21。

除了使用二进制计算方法外，还可以使用如下方法进行地址汇总。首先，根据子网划分的分块方法查看哪个子网块包含所有需要汇总的 IP 地址段。本例中为八个连续的 C 类网络，即 172.16.0.0/24 ～ 172.16.7.0/24。如果一个 B 类地址划分的子网包含八个 C 类网络，至少需要借五位，即子网掩码为 /21。然后，查看子网网段是否能够包含所有需要汇总的地址段。经比较，172.16.0.0/21 子网可以包含所有需要汇总的地址段，即为汇总后的地址段。

如果是 172.16.1.0/24 ～ 172.16.8.0/24 这八个网段需要汇总，若还使用 /21 的掩码对 B 类网络进行分块，将没有子网可以包含所有这些需要汇总的网段。这时就需要更改子网掩码，扩大每个子网包含的地址范围，将掩码变为 /20，将网络分为 16 块，经比较，172.16.0.0/20 子网可以包含所有需要汇总的地址段，即为汇总后的地址段。

> **注意**
>
> 　　对 172.16.0.0/24 ～ 172.16.7.0/24 进行地址汇总，既可以汇总成 172.16.0.0/21，又可以汇总成 172.16.0.0/20。一般在进行地址汇总时选择子网掩码最长的网段（即包含地址最少的掩码），所以，172.16.0.0/24 ～ 172.16.7.0/24 的汇总地址网段为 172.16.0.0/21。

在进行地址汇总的过程中，使用一个子网掩码将多个有类别的网络（有类地址）聚合成单个网络地址称为超网。例如，将两个 C 类地址 193.168.0.0/24、193.168.1.0/24 进行地址汇总，汇总地址为 193.168.0.0/23，即形成超网。

请思考：将下面几组 IP 地址段汇总成为一个地址段，要求汇总地址恰好包含所有地址，即要求汇总地址段子网掩码最长。

- 10.16.5.0/24、10.16.7.0/24、10.16.8.0/24。
- 192.168.5.8/29、192.168.5.16/28。

10.4　IP 地址规划及应用

1. IP 地址规划的原则

IP 地址规划主要遵守四个原则：唯一性、可扩展性、连续性、实意性。

- 唯一性：IP 地址是主机和设备在网络中的标识，一个 IP 网络中不能有两个主机使用相同的 IP 地址，否则将无法寻址。
- 可扩展性：在 IP 地址分配时，要有一定的余量，以满足网络扩展时的需要。
- 连续性：分配的连续的 IP 地址要有利于地址管理和地址汇总，连续的 IP 地址易于进行路由汇总，减小路由表，提高路由的效率。
- 实意性：在分配 IP 地址时尽量使所分配的 IP 地址具有一定的实际意义，使人一看到 IP 地址就可以知道此 IP 地址分配给了哪个部门或哪个地区。

例如，某公司有两个分公司，分别为第一分公司和第二分公司，总公司大约有 400 台主机，各分公司大约有 200 台主机。现在需要为该公司进行 IP 地址规划，按照上述原则进行 IP 地址规划分配。

根据公司的主机数和可扩展性原则，总公司分配四个 C 类地址，各分公司分配两个 C 类地址。根据实意性和连续性原则，分配地址为：总公司 IP 地址段为 10.0.0.0/22，第一分公司 IP 地址段为 10.1.0.0/23，第二分公司 IP 地址段为 10.2.0.0/23。如上分配是用 IP 地址的第二个字段代表公司，如总公司为 0，第一分公司为 1，第二分公司为 2，这样一旦网络出现问题，可以通过 IP 地址迅速确定是哪个公司中的主机出现了问题。

在分配 IP 地址时，为节约 IP 地址，需要注意以下几点：

- 配置 Loopback 地址时，使用的子网掩码为 32。
- 配置互联地址时，使用的子网掩码为 30。
- 对各业务网关进行统一设定，如将所有的网关统一设置成 X.X.X.254。

在完成 IP 地址规划之后，公司既可以配置静态 IP 地址，也可以使用 DHCP 服务器动态分配 IP 地址。

2. IP 地址规划实例

KGC 公司在全国有 50 多家分公司，现公司要将网络改造成依托于电信局光纤网络的一个大型的全国范围内的局域网，在建立网络之前需要对各公司的 IP 地址进行统一规划。

KGC 公司的网络拓扑如图 10.12 所示。

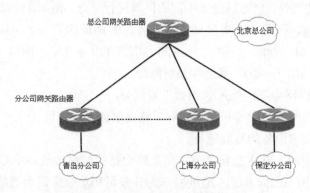

图 10.12　KGC 公司的网络拓扑图

　　由于 KGC 公司使用的是一个全国性的网络，所以 IP 地址的规划十分重要，IP 地址规划不好将直接影响网络的使用并加重后期的维护工作。网络公司根据用户需要采用 VLSM 技术对 IP 地址进行分配，同时需要考虑 IP 地址的规划是否有利于进行路由汇总。

　　根据 KGC 公司的情况，决定内网使用 10.0.0.0/8 网段地址，并将此 A 类地址分为 256 个 B 类地址，每个公司分配一个 B 类地址。这样既有利于路由的配置汇总，又可以满足公司的 IP 地址需求。在各分公司进行网络调整时不会影响其他公司，为日后的维护提供了便利。

　　下面以十个分公司为例对 IP 地址进行规划，在规划时需要考虑设备的 Loopback 地址、互联地址等。

　　各公司 IP 地址规划分配如表 10-6 所示。

表 10-6　各公司 IP 地址规划分配

编号	分公司或销售总点名称	IP 地址段
1	北京总公司	10.0.0.0/16
2	上海分公司	10.1.0.0/16
3	青岛分公司	10.2.0.0/16
4	沈阳分公司	10.3.0.0/16
5	哈尔滨分公司	10.4.0.0/16
6	银川分公司	10.5.0.0/16
7	杭州分公司	10.6.0.0/16
8	石家庄分公司	10.7.0.0/16
9	拉萨分公司	10.8.0.0/16
10	成都分公司	10.9.0.0/16
11	深圳分公司	10.10.0.0/16

使用 IP 地址的第二个字段标识各公司，总公司为 0，其他分公司按照成立顺序依次为 1～10。除此之外，也可以通过不同的区域进行划分。例如，可以按照东北、华北、华中、华东、华南、西北、西南区域进行划分，IP 地址的第二个字段的范围分别是东北 1～40、华北 41～80、华中 81～120、华东 120～150、华南 151～180、西北 181～200、西南 201～220，其余为预留网段。

KGC 公司的网络中互联地址分为如下两部分：

● 各分公司网关路由器和总公司网关路由器的互联地址。

● 各公司内部设备的互联地址。

对于各分公司网关路由器和总公司网关路由器的互联地址，单独分配一个 B 类地址。KGC 公司使用 10.254.0.0/16 地址段作为分公司和总公司路由器的互联地址，具体规划如表 10-7 所示。

表 10-7　总公司和各分公司的互联地址

序号	公司名称	总公司路由器接口地址	分公司路由器接口地址	子网掩码
1	上海分公司	10.254.0.1	10.254.0.2	255.255.255.252
2	青岛分公司	10.254.0.5	10.254.0.6	255.255.255.252
3	沈阳分公司	10.254.0.9	10.254.0.10	255.255.255.252
4	哈尔滨分公司	10.254.0.13	10.254.0.14	255.255.255.252
5	银川分公司	10.254.0.17	10.254.0.18	255.255.255.252
6	杭州分公司	10.254.0.21	10.254.0.22	255.255.255.252
7	石家庄分公司	10.254.0.25	10.254.0.26	255.255.255.252
8	拉萨分公司	10.254.0.29	10.254.0.30	255.255.255.252
9	成都分公司	10.254.0.33	10.254.0.34	255.255.255.252
10	深圳分公司	10.254.0.37	10.254.0.38	255.255.255.252

各公司内部设备互联地址也使用各公司地址段中的一个 C 类地址 10.XX.254.0/24，各公司内部网络三层交换机和路由器连接拓扑图如图 10.13 所示，各公司内部设备互联地址规划如表 10-8 所示。

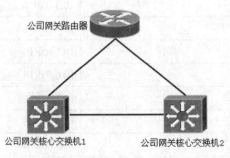

图 10.13　KGC 公司内部网络拓扑图

表 10-8 各公司内部设备互联地址规划

公司名称	网关路由器	核心交换机 1	核心交换机 2
北京总公司	10.0.254.1	10.0.254.2	
	10.0.254.5		10.0.254.6
		10.0.254.9	10.0.254.10
上海分公司	10.1.254.1	10.1.254.2	
	10.1.254.5		10.1.254.6
		10.1.254.9	10.1.254.10

为了便于总公司对路由器的管理,路由器的 Loopback 地址使用 192.168.0.0/24 网段,这里使用 192.168.0.0/24 网段只是为了方便管理,并且能更加明确地标识出路由器设备,如表 10-9 所示。

表 10-9 路由器设备 Loopback 接口的 IP 地址

编号	公司名称	IP 地址
1	北京总公司	192.168.0.1/32
2	上海分公司	192.168.0.2/32
3	青岛分公司	192.168.0.3/32
4	沈阳分公司	192.168.0.4/32
5	哈尔滨分公司	192.168.0.5/32
6	银川分公司	192.168.0.6/32
7	杭州分公司	192.168.0.7/32
8	石家庄分公司	192.168.0.8/32
9	拉萨分公司	192.168.0.9/32
10	成都分公司	192.168.0.10/32
11	深圳分公司	192.168.0.11/32

除上述的 IP 地址分配外,各公司内部也需要进行 IP 地址的规划,本例中只给出总公司的 IP 地址规划。公司内部的 IP 地址规划主要有以下几项:设备互联地址、各部门使用的 IP 地址段、设备管理地址等。设备互联地址前面已经进行了规划,下面对公司内部各部门的 IP 地址、设备管理地址进行规划。

如表 10-10 所示为总公司各部门 IP 地址规划。

表 10-10 总公司各部门 IP 地址规划

编号	部门	IP 地址段
1	财务部	10.0.2.0/24
2	服务器区	10.0.3.0/24

续表

编号	部门	IP 地址段
3	综合部	10.0.4.0/24
4	总裁办公室	10.0.5.0/24

使用 10.0.1.0/24 作为设备管理网段，具体规划如表 10-11 所示。

表 10-11　KGC 总公司设备网管 IP 地址

编号	设备	IP 地址
1	核心交换机 1	10.0.1.201
2	核心交换机 2	10.0.1.202
3	财务部交换机	10.0.1.2/24
4	服务器区交换机	10.0.1.3/24
5	综合部交换机	10.0.1.4/24
6	总裁办公室交换机	10.0.1.5/24

经过以上规划，在 IP 地址规划扩展性和连续性方面，各公司已经被分配了充足的 IP 地址，不会出现 IP 地址短缺的情况，同时为路由方面的规划配置提供了基础。

本章总结

- 标准 IP 地址（A、B、C 三类）属于有类地址。
- 为了更灵活地使用 IP 地址，需要对 IP 地址进行子网划分，使得划分后的 IP 地址不再具有有类地址的特征，这些地址称为无类地址。
- 子网划分：为了充分利用 IP 地址资源，将一个网络划分成几个较小的网络的过程就是子网划分。
- VLSM：在子网划分的过程中使用了 VLSM（可变长子网掩码）技术，VLSM 允许一个组织在同一个网络中使用多个子网掩码，所以可以把子网继续划分为子网。
- 在进行地址汇总的过程中，使用一个子网掩码将多个有类别的网络（有类地址）聚合成单个网络地址称为超网。

本章作业

1. 主机 A 与主机 B 之间使用交叉网线连接以太口，A 的地址配置为 192.168.2.15/24，B 的地址配置为 192.168.2.16/16，它们之间能进行正常通信吗？如果

A 的地址是 192.168.2.15/24，B 的为 192.168.3.16/16，它们之间能通信吗？

2．某公司使用 192.168.0.0/24 网段，公司下属有四个部门，并且每个部门拥有不同的主机数，分别是财务部有 20 台主机、综合部有 16 台主机、销售部有 62 台主机、生产部有 46 台主机，请将 192.168.0.0/24 网段分为四个子网段，以适应公司这四个部门的需要。

3．某公司网络工程师将 10.0.0.0/24 网段分成了六个网段（还预留了一部分 IP 地址），分给不同的部门使用。这六个网段分别是 10.0.0.0/28、10.0.0.16/28、10.0.0.32/27、10.0.0.64/26、10.0.0.128/26、10.0.0.192/27，预留 IP 地址段为 10.0.0.224/27，并且使用网段的第一个地址作为该网段的网关。

但是在配置完公司主机的 IP 地址后，出现了少数主机网络使用不正常的现象，经过检查已排除物理连接问题，应该是主机 IP 地址配置错误导致。如表 10-12 所示是公司主机配置的 IP 地址，请找出其中配置错误的 IP 地址。

表 10-12　主机 IP 地址配置

序号	IP 地址	掩码	网关
1	10.0.0.5	255.255.255.240	10.0.0.1
2	10.0.0.15	255.255.255.240	10.0.0.1
3	10.0.0.25	255.255.255.240	10.0.0.17
4	10.0.0.31	255.255.255.240	10.0.0.17
5	10.0.0.64	255.255.255.192	10.0.0.33
6	10.0.0.92	255.255.255.192	10.0.0.65
7	10.0.0.115	255.255.255.192	10.0.0.65
8	10.0.0.191	255.255.255.192	10.0.0.129
9	10.0.0.200	255.255.255.224	10.0.0.193

4．计算以下 IP 地址段的子网地址、广播地址，并填入表 10-13 中。

表 10-13　计算子网地址与广播地址

IP 地址段	子网掩码（点分十进制）	子网地址	广播地址
124.122.60.50/18			
192.168.100.5/23			
222.222.156.228/28			

5．判断下面的地址中哪些是可以分配给主机使用的。

10.0.20.56/29　　　　　　172.250.32.158/23　　　　192.168.100.72/30
192.168.15.255/28　　　　192.168.50.1/30

10
Chapter

6. 用课工场 APP 扫一扫，完成在线测试，快来挑战吧！

第 11 章

访问控制列表

技能目标

- 理解 ACL 的基本原理
- 会配置标准 ACL
- 会配置扩展 ACL
- 会配置命名 ACL
- 能够综合应用 ACL

本章导读

通过前面章节的学习，我们知道了网络的连通和通信，但是在实际环境中网络管理员经常会面临左右为难的局面，如必须设法拒绝那些不希望的访问连接，同时又要允许正常的访问连接。本章将要讲解的 ACL 可以提供基本的通信流量过滤能力，从而满足上面的要求，解决实际工作中的问题。

知识服务

11.1 ACL 概述

访问控制列表（Access Control List，ACL）是应用在路由器接口的指令列表（即规则），用来告诉路由器，哪些数据包可以接收，哪些数据包需要拒绝。其基本原理为：ACL 使用包过滤技术，在路由器上读取 OSI 七层模型的第三层及第四层包头中的信息，如源地址、目的地址、源端口、目的端口等，根据预先定义好的规则，对包进行过滤，从而达到访问控制的目的。

ACL 通过在路由器接口处控制是转发还是丢弃数据包来过滤通信流量。路由器根据 ACL 中指定的条件来检测通过路由器的数据包，从而决定是转发还是丢弃该数据包。

可以通过在路由器或多层交换机上配置 ACL 来控制对特定网络资源的访问。

ACL 可分为以下两种基本类型。

- 标准 ACL：检查数据包的源地址。其结果基于源网络 / 子网 / 主机 IP 地址，来决定允许还是拒绝转发数据包。它使用 1 ～ 99 之间的数字作为列表号。
- 扩展 ACL：对数据包的源地址与目标地址均进行检查。它也能检查特定的协议、端口号以及其他参数。它使用 100 ～ 199 之间的数字作为列表号。

另外，还有命名 ACL 等类型。

11.1.1 ACL 的工作原理

ACL 是一组规则的集合，它应用在路由器的某个接口上。对路由器接口而言，ACL 有两个方向。

- 出：已经过路由器的处理，正离开路由器接口的数据包。
- 入：已到达路由器接口的数据包，将被路由器处理。

如果对接口应用了 ACL，也就是说该接口应用了一组规则，那么路由器将对数据包应用该组规则进行顺序检查。

- 如果匹配第一条规则，则不再往下检查，路由器将决定允许该数据包通过或拒绝通过。
- 如果不匹配第一条规则，则依次往下检查，直到有任何一条规则匹配，路由器才决定允许该数据包通过或拒绝通过。
- 如果没有任何一条规则匹配，则路由器根据默认的规则将丢弃该数据包。

由此可见，数据包要么被允许，要么被拒绝。

根据以上的检查规则可知，在 ACL 中，各规则的放置顺序是很重要的。一旦找到了某一匹配规则，就结束比较过程，不再检查之后的其他规则，如图 11.1 所示。

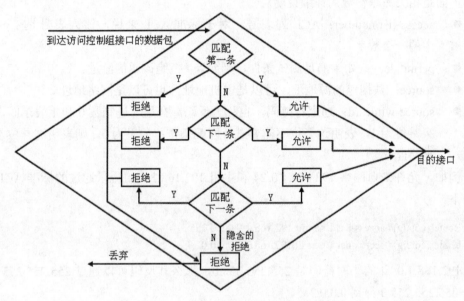

图 11.1　ACL 对数据包的处理流程

11.1.2　ACL 的类型

本节将简单介绍三种类型的 ACL。

（1）标准 ACL

标准 ACL 根据数据包的源 IP 地址来允许或拒绝数据包。标准 ACL 的访问控制列表号是 1 ～ 99。

（2）扩展 ACL

扩展 ACL 根据数据包的源 IP 地址、目的 IP 地址、指定协议、端口和标志来允许或拒绝数据包。扩展 ACL 的访问控制列表号是 100 ～ 199。

（3）命名 ACL

命名 ACL 允许在标准和扩展 ACL 中使用名称代替列表号。

11.2   标准 ACL 的配置

1. 创建 ACL

创建标准 ACL 的命令语法如下：

> Router(config)# access-list **access-list-number** {**permit|deny**} source [source-wildcard]

下面是相关命令参数的详细说明。

- access-list-number：ACL 列表号，对于标准 ACL 来说，该列表号是 1 ～ 99 中的一个数字。
- permit|deny：如果满足测试条件，则允许 / 拒绝该通信流量。
- source：数据包的源地址，可以是主机地址，也可以是网络地址。
- source-wildcard：通配符掩码，也称为反码。在用二进制数 0 和 1 表示时，如果某位为 1，表明这一位不需要进行匹配操作；如果为 0，则表明这一位需要严格匹配。

例如，允许来自网络 192.168.1.0/24 和主机 192.168.2.2 的流量通过的标准 ACL 命令如下。

> Router(config)# access-list 1 permit 192.168.1.0 0.0.0.255
> Router(config)# access-list 1 permit 192.168.2.2 0.0.0.0

192.168.1.0/24 的子网掩码是 255.255.255.0，那么其反码可以通过 255.255.255.255 减去 255.255.255.0 得到 0.0.0.255。

同样，主机 192.168.2.2 的子网掩码是 255.255.255.255，那么其反码可以通过 255.255.255.255 减去 255.255.255.255 得到 0.0.0.0。

（1）隐含的拒绝语句

在上面的例子中，如果有来自网络 192.168.3.0/24 的流量，是否允许通过呢？

答案是不允许，因为每一个 ACL 都有一条隐含的拒绝语句，可拒绝所有流量，语句如下：

> Router(config)# access-list 1 deny 0.0.0.0 255.255.255.255

（2）关键字 host、any

在上面的例子中，192.168.2.2 0.0.0.0 可以用"host 192.168.2.2"来表示，相应的 ACL 可改写如下：

> Router(config)# access-list 1 permit host 192.168.2.2

0.0.0.0 255.255.255.255 可以使用关键字"any"来表示，相应的 ACL 可改写如下：

> Router(config)# access-list 1 deny any

（3）删除已建立的标准 ACL

删除语法如下：

Router(config)# no access-list access-list-number

对标准 ACL 来说，不能删除单条 ACL 语句，只能删除整个 ACL。这意味着如果要改变一条或几条 ACL 语句，必须先删除整个 ACL，然后再输入所要的 ACL 语句。

2. 将 ACL 应用于接口

创建 ACL 后，只有将 ACL 应用于接口，ACL 才会生效，命令语法如下：

Router(config-if)# **ip access-group** access-list-number {**in** |**out**}

参数 in|out 用来指示该 ACL 是应用到入站接口（in）还是出站接口（out）。

要在接口上取消 ACL 应用，可以使用如下命令：

Router(config-if)# **no ip access-group** access-list-number {**in** |**out**}

> 注意
>
> 每个方向上只能有一个 ACL，也就是每个接口最多只能有两个 ACL：一个入方向 ACL，一个出方向 ACL。

3. 标准 ACL 的配置实例

如图 11.2 所示，要求配置标准 ACL 实现：禁止主机 PC2 访问主机 PC1，而允许所有其他的流量。

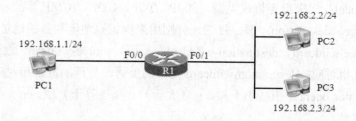

图 11.2　标准 ACL 配置拓扑图

配置步骤如下：

（1）分析在哪个接口应用标准 ACL。

标准 ACL 既可以应用在入站接口，也可以应用在出站接口，二者有何不同呢？

路由器对进入的数据包先检查入 ACL，对允许传输的数据包才查询路由表，而对于外出的数据包先查询路由表，确定目标接口后才查看出 ACL。因此应该尽量把 ACL 应用到入站接口，因为它比应用到出站接口效率更高：将要丢弃的数据包在路由器进行路由表查询处理之前就拒绝掉。

（2）配置标准 ACL 并应用到接口上，命令如下：

```
R1(config)# access-list 1 deny host 192.168.2.2
R1(config)# access-list 1 permit any
R1(config)# int f0/1
R1(config-if)# ip access-group 1 in
```

（3）查看并验证配置。

使用 show access-lists 命令查看 ACL 配置，具体如下：

```
R1# show access-lists
Standard IP access list 1
   10 deny   192.168.2.2
   20 permit any
```

验证配置。PC2 不能 ping 通主机 PC1，但 PC3 可以 ping 通主机 PC1。

11.3 扩展 ACL 的配置

1. 创建 ACL

创建扩展 ACL 的命令语法如下：

```
Router(config)# access-list  access-list-number  {permit | deny} protocol
{source source-wildcard destination  destination-wildcard} [operator operan]
```

下面是对命令参数的详细说明。

- access-list-number：ACL 表号，对于扩展 ACL 来说，是 100 ～ 199 的一个数字。

- permit|deny：如果满足测试条件，则允许 / 拒绝该通信流量。

- protocol：用来指定协议类型，如 IP、TCP、UDP、ICMP 等。

- source、destination：源、目的，分别用来标识源地址和目的地址。

- source-wildcard、destination-wildcard：反码，source-wildcard 是源反码，与源地址相对应；destination-wildcard 是目的反码，与目的地址相对应。

- operator operan：lt（小于）、gt（大于）、eq（等于）或 neq（不等于）一个端口号。

例 1：允许网络 192.168.1.0/24 访问网络 192.168.2.0/24 的 IP 流量通过，而拒绝其他任何流量。ACL 命令如下：

```
Router(config)# access-list 101 permit ip 192.168.1.0 0.0.0.255 192.168.2.0 0.0.0.255
Router(config)# access-list 101 deny ip any any
```

例 2：拒绝网络 192.168.1.0/24 访问 FTP 服务器 192.168.2.2/24 的 IP 流量通过，而允许其他任何流量。ACL 命令如下：

```
Router(config)# access-list 101 deny tcp 192.168.1.0 0.0.0.255 host 192.168.2.2 eq 21
Router(config)# access-list 101 permit ip any any
```

例 3：禁止网络 192.168.1.0/24 中的主机 ping 通服务器 192.168.2.2/24，而允许其他任何流量。ACL 命令如下：

Router(config)# access-list 101 deny icmp 192.168.1.0 0.0.0.255 host 192.168.2.2 echo
Router(config)# access-list 101 permit ip any any

删除已建立的扩展 ACL 的命令语法与标准 ACL 一样，具体如下：

Router(config)# no access-list access-list-number

扩展 ACL 与标准 ACL 一样，也不能删除单条 ACL 语句，只能删除整个 ACL。

2. 将 ACL 应用于接口

与标准 ACL 一样，只有将 ACL 应用于接口，ACL 才会生效。

其命令语法与标准 ACL 一样，具体如下：

Router(config-if)# ip access-group access-list-number {in |out}

要在接口上取消 ACL 的应用，可以使用如下命令：

Router(config-if)# no ip access-group access-list-number {in |out}

3. 扩展 ACL 的配置实例

如图 11.3 所示，要求配置扩展 ACL 实现：

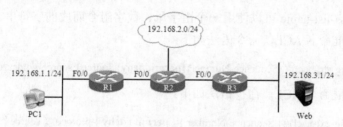

图 11.3　扩展 ACL 配置拓扑图

- 允许主机 PC1 访问 Web 服务器的 WWW 服务，而禁止主机 PC1 访问 Web 服务器的其他任何服务。
- 允许主机 PC1 访问网络 192.168.2.0/24。

配置步骤如下：

（1）分析在哪个接口应用扩展 ACL。

- 应用在入站接口还是出站接口。

与标准 ACL 一样，应该尽量把 ACL 应用到入站接口。

- 应用在哪台路由器上。

由于扩展 ACL 可以根据源 IP 地址、目的 IP 地址、指定协议、端口等过滤数据包，因此最好应用到路由器 R1 的入站接口。如果应用在路由器 R2 或 R3 的入站接口上，会导致所经过的路由器占用不必要的资源。也就是说，应该把扩展 ACL 应用在离源地址最近的路由器上。

（2）配置扩展 ACL 并应用到接口上，命令如下：

```
R1(config)# access-list 101 permit tcp host 192.168.1.1 host 192.168.3.1 eq www
R1(config)# access-list 101 deny ip host 192.168.1.1 host 192.168.3.1
R1(config)# access-list 101 permit ip host 192.168.1.1 192.168.2.0 0.0.0.255
R1(config)# int f0/0
R1(config-if)# ip access-group 101 in
```

（3）查看并验证配置。

使用 show access-lists 命令查看 ACL 配置。

验证配置：

● 在 PC1 上可以访问 Web 服务器的 WWW 服务，但不能 ping 通 Web 服务器。

● 在 PC1 上可以 ping 通网络 192.168.2.0/24 中的任何一台主机。

11.4　命名 ACL 的配置

1. 创建 ACL

创建命令 ACL 的命令语法如下：

```
Router(config)# ip access-list {standard|extended} access-list-name
```

参数 access-list-name 可以使用一个由字母、数字组合而成的字符串。

如果是标准命名 ACL，命令语法如下：

```
Router(config-std-nacl)# [Sequence-Number]{permit|deny} source [ source-wildcard ]
```

如果是扩展命名 ACL，命令语法如下：

```
Router(config-ext-nacl)# [ Sequence-Number ] { permit | deny } protocol { source
    source-wildcard destination  destination-wildcard } [ operator operan ]
```

无论是配置标准命名 ACL 语句还是配置扩展命名 ACL 语句，都有一个可选参数 Sequence-Number。Sequence-Number 参数表明了配置的 ACL 语句在命令 ACL 中所处的位置，默认情况下，第一条为 10，第二条为 20，以此类推。

Sequence-Number 可以很方便地将新添加的 ACL 语句插入到原有的 ACL 列表的指定位置，如果不选择 Sequence-Number，参数就会添加到 ACL 列表末尾并且序列号加 10。

例 1：允许来自主机 192.168.1.1/24 的流量通过，而拒绝其他流量，标准命名 ACL 命令如下：

```
Router(config)# ip access-list standard cisco
Router(config-std-nacl)# permit host 192.168.1.1
Router(config-std-nacl)# deny any
```

使用 show access-lists 命令查看 ACL 配置，结果如下：

```
Router#show access-lists
Standard IP access list cisco        // 标准访问控制列表 cisco
    10 permit 192.168.1.1            // 配置的第 1 条 ACL 语句序列号为 10
    20 deny   any                    // 配置的第 2 条 ACL 语句序列号为 20
```

此时更改需求，除允许来自主机 192.168.1.1/24 的流量通过外，也允许来自主机 192.168. 2.1/24 的流量通过，可以配置如下：

```
Router(config)# ip access-list standard cisco
Router(config-std-nacl)#15  permit host 192.168.2.1 // 配置 ACL 语句序列号为 15
```

再次查看配置的 ACL，结果如下：

```
Router#show access-lists
Standard IP access list cisco
    10 permit 192.168.1.1
    15 permit 192.168.2.1            // 新配置的 ACL 语句，放到了 ACL 列表的指定位置
    20 deny   any
```

例 2：拒绝网络 192.168.1.0/24 访问 FTP 服务器 192.168.2.2/24 的流量通过，而允许其他任何流量，扩展命名 ACL 命令如下：

```
Router(config)# ip access-list extended cisco
Router(config-ext-nacl)# deny tcp 192.168.1.0 0.0.0.255 host 192.168.2.2 eq 21
Router(config-ext-nacl)# permit ip any any
```

删除已建立的命名 ACL，命令语法如下：

```
Router(config)# no ip access-list {standard|extended} access-list-name
```

对命名 ACL 来说，可以删除单条 ACL 语句，而不必删除整个 ACL。并且，ACL 语句可以有选择地插入到列表中的某个位置，使得 ACL 配置更加方便灵活。

如果要删除某一 ACL 语句，可以使用 "no Sequence-Number" 或 "no ACL 语句" 两种方式。

例如，删除例 1 中 "permit host 192.168.1.1" 的语句命令如下：

```
Router(config)# ip access-list standard cisco
Router(config-std-nacl)# no 10
```

也可采用如下命令：

```
Router(config)# ip access-list standard cisco
Router(config-std-nacl)#no permit host 192.168.1.1
```

2. 将 ACL 应用于接口

创建命名 ACL 后，也必须将 ACL 应用于接口才会生效。其命令语法如下：

```
Router(config-if)# ip access-group access-list-name {in |out}
```

要在接口上取消命名 ACL 的应用，可以使用如下命令：

```
Router(config-if)# no ip access-group access-list-name {in |out}
```

3. 命名 ACL 配置实例

（1）公司新建了一台服务器（IP 地址：192.168.100.100），出于安全方面考虑，要求如下：

- 192.168.1.0/24 网段中除 192.168.1.4 ~ 192.168.1.7 外的其余地址都不能访问服务器。
- 其他公司网段都可以访问服务器。

公司网络设备配置 ACL 如下：

```
Router(config)#ip access-list extended kgc
Router(config-ext-nacl)#permit ip host 192.168.1.4 host 192.168.100.100
Router(config-ext-nacl)#permit ip host 192.168.1.5 host 192.168.100.100
Router(config-ext-nacl)#permit ip host 192.168.1.6 host 192.168.100.100
Router(config-ext-nacl)#permit ip host 192.168.1.7 host 192.168.100.100
Router(config-ext-nacl)#deny ip 192.168.1.0 0.0.0.255 host 192.168.100.100
Router(config-ext-nacl)#permit ip any host 192.168.100.100
Router(config-ext-nacl)#exit
```

使用 show access-lists 命令查看配置的 ACL 信息，结果如下：

```
Router#show access-lists
Extended IP access list kgc
    10 permit ip host 192.168.1.4 host 192.168.100.100
    20 permit ip host 192.168.1.5 host 192.168.100.100
    30 permit ip host 192.168.1.6 host 192.168.100.100
    40 permit ip host 192.168.1.7 host 192.168.100.100
    50 deny ip 192.168.1.0 0.0.0.255 host 192.168.100.100
    60 permit ip any host 192.168.100.100
```

将 ACL 应用在网络设备连接服务器接口的出方向。

（2）网络运行一段时间后，由于公司人员调整，需要变更访问服务器的 ACL。要求如下：

- 不允许 192.168.1.5 主机和 192.168.1.7 主机访问服务器。
- 允许 192.168.1.10 主机访问服务器。

ACL 变更配置如下：

```
Router(config)#ip access-list extended kgc
Router(config-ext-nacl)#no 20
Router(config-ext-nacl)#no permit ip host 192.168.1.7 host 192.168.100.100
Router(config-ext-nacl)#11 permit ip host 192.168.1.10 host 192.168.100.100
Router(config-ext-nacl)#exit
```

再次查看配置的 ACL 信息，结果如下：

```
Router#show access-lists
Extended IP access list kgc
    10 permit ip host 192.168.1.4 host 192.168.100.100
    11 permit ip host 192.168.1.10 host 192.168.100.100
```

```
30 permit ip host 192.168.1.6 host 192.168.100.100
50 deny ip 192.168.1.0 0.0.0.255 host 192.168.100.100
60 permit ip any host 192.168.100.100
```

这样的 ACL 配置就能够满足公司要求了。

11.5　ACL 的应用

公司内部网络已经建成，网络拓扑如图 11.4 所示。

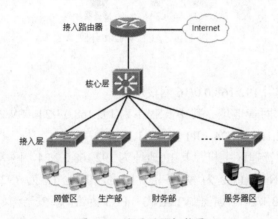

图 11.4　公司网络拓扑图

公司内部网络规划要求如下：

- 根据公司现有各部门主机数量和以后增加主机的情况，为每个部门分配一个 C 类地址，并且每个部门使用一个 VLAN，以便于管理。
- 分配一个 C 类地址作为设备的管理地址。

按照上述规划配置设备，已经实现了网络连通。

基于信息安全方面考虑，公司要求如下：

- 限定不同部门能访问的服务器。例如，财务部只能访问财务部服务器，生产部只能访问生产部服务器。
- 网络管理员可以访问所有服务器。
- 网络设备只允许网管区 IP 地址通过 TELNET 登录，并配置设备用户名为 kgc，密码为 test。
- 只有网络管理员才能通过 TELNET、SSH 等登录方式管理服务器。
- 要求所有部门之间不能互通，但都可以和网络管理员互通。

- 公司中有多名信息安全员，要求信息安全员可以访问服务器，但不能访问 Internet。
- 外网只能访问特定服务器的特定服务。

由于公司网络比较复杂，本案例按照如图 11.5 所示的网络进行讲解。

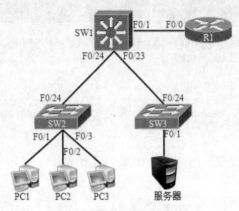

图 11.5　ACL 实验拓扑图

网络规划如下：

- 公司全部使用 192.168.0.0/16 网段地址。
- 配置设备的网管地址。其中，SW1 为 192.168.0.1/24，SW2 为 192.168.0.2/24，SW3 为 192.168.0.3/24，R1 为 1.1.1.1/32。
- PC1 为网络管理区主机，其 IP 地址为 192.168.2.2/24，网关为 192.168.2.1/24，属于 VLAN 2；PC2 为财务部主机，IP 地址为 192.168.3.2/24，网关为 192.168.3.1/24，属于 VLAN 3；PC3 为信息安全员主机，IP 地址为 192.168.4.2/24，网关为 192.168.4.1/24，属于 VLAN 4。
- 在 SW1 交换机上 VLAN 2 接口的 IP 地址为 192.168.2.1/24，VLAN 3 接口的 IP 地址为 192.168.3.1/24，VLAN 4 接口的 IP 地址为 192.168.4.1/24，VLAN 100 接口的 IP 地址为 192.168.100.1/24。
- 服务器 IP 地址为 192.168.100.2/24，网关为 192.168.100.1/24，属于 VLAN 100。
- SW1 和 R1 的互联地址为 10.0.0.0/30。
- 配置路由器 R1 的 Loopback 接口地址为 123.0.1.1/24，模拟外网地址。

按照公司网络规划和要求配置设备。

1. 配置设备 R1、SW1、SW2、SW3，实现全网互通

配置信息略。

2. 配置 ACL 实现公司要求

配置网络设备只允许网管区 IP 地址通过 TELNET 登录，并配置设备用户名为 kgc，密码为 test，R1 的配置信息如下：

```
R1(config)#access-list 1 permit 192.168.2.0 0.0.0.255
R1(config)#username kgc password test

R1(config)#line vty 0 4
R1(config-line)#login local
R1(config-line)#access-class 1 in
R1(config-line)#exit
```

SW1、SW2、SW3 的配置与 R1 相同。

满足公司其他要求的配置命令如下：

```
//ACL100 表示内网主机都可以访问服务器，但是只有网络管理员才能通过 TELNET、SSH
登录服务器，外网只能访问服务器的 80 端口
SW1(config)#access-list 100 permit ip 192.168.2.0 0.0.0.255 host 192.168.100.2
// 上述 1 条 ACL 表示允许网络管理员网段 192.168.2.0/24 访问服务器
SW1(config)#access-list 100 deny   tcp 192.168.0.0 0.0.255.255 host 192.168.100.2 eq telnet
SW1(config)#access-list 100 deny   tcp 192.168.0.0 0.0.255.255 host 192.168.100.2 eq 22
// 上述 3 条 ACL 表示除 192.168.2.0/24 网段外其他所有内网地址均不能通过 TELNET、SSH
登录服务器
SW1(config)#access-list 100 permit ip 192.168.0.0 0.0.255.255 host 192.168.100.2
SW1(config)#access-list 100 permit tcp any host 192.168.100.2 eq 80
// 上述 2 条 ACL 表示：允许内网主机访问服务器，允许外网主机访问服务器的 80 端口
SW1(config)#access-list 100 deny   ip any any

SW1(config)#interface vlan 100
SW1(config-if)#ip access-group 100 out                // 应用到 OUT 方向
SW1(config-if)#exit

//ACL 101 表示 192.168.3.0/24 网段主机可以访问服务器，可以访问网络管理员网段，但不能
访问其他部门网段，也不能访问外网
SW1(config)#access-list 101 permit ip 192.168.3.0 0.0.0.255 host 192.168.100.2
SW1(config)#access-list 101 permit ip 192.168.3.0 0.0.0.255 192.168.2.0 0.0.0.255
SW1(config)#access-list 101 deny   ip any any

SW1(config)#interface vlan 3
SW1(config-if)#ip access-group 101 in                // 应用到 IN 方向
SW1(config-if)#exit

//ACL 102 表示 192.168.4.0/24 网段主机可以访问服务器，可以访问网络管理员网段，但不能访
问其他部门网段，可以访问外网（这里用于测试目的）
SW1(config)#access-list 102 permit ip 192.168.4.0 0.0.0.255 host 192.168.100.2
SW1(config)#access-list 102 permit ip 192.168.4.0 0.0.0.255 192.168.2.0 0.0.0.255
SW1(config)#access-list 102 deny   ip 192.168.4.0 0.0.0.255 192.168.0.0 0.0.255.255
SW1(config)#access-list 102 permit ip any any

SW1(config)#interface vlan 4
SW1(config-if)#ip access-group 102 in
```

SW1(config-if)#exit

3. 配置完成后的验证

使用 ping 命令验证配置是否正确。

本章总结

- ACL 通过在路由器接口处控制是转发还是丢弃数据包来过滤通信流量。路由器根据 ACL 中指定的条件来检测通过路由器的数据包，从而决定是转发还是丢弃该数据包。
- 本章介绍了三种类型的 ACL（标准 ACL、扩展 ACL、命名 ACL）及其配置。

本章作业

1. 路由器是怎样应用 ACL 对数据包进行检查的？
2. 简述标准 ACL 和扩展 ACL 的区别，并说明分别在什么情况下使用。
3. 公司路由器网络拓扑如图 11.6 所示。

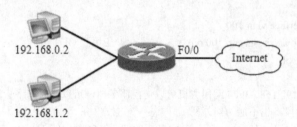

图 11.6　路由器网络拓扑图

公司路由器上有如下配置信息：

```
interface FastEthernet0/0
ip address 123.0.1.5 255.255.255.0
ip access-group 100 in
!
access-list 100 permit tcp any host 192.168.0.2 eq 80
access-list 100 permit tcp any host 192.168.0.2 eq 21
access-list 100 permit tcp any host 192.168.0.2 eq smtp
access-list 100 permit tcp any host 192.168.1.2 eq 80
access-list 100 deny  ip any host 192.168.0.2
access-list 100 deny  ip any host 192.168.1.2
```

试说明上述配置信息的含义。

　　如果内部的两台主机分别接在路由器的 F1/0 和 F2/0 端口，请配置路由器让两台主机间无法互访，并且只允许 192.168.0.2 主机能够登录路由器。

　　4. 用课工场 APP 扫一扫，完成在线测试，快来挑战吧！

随手笔记

第 12 章

网络地址转换（NAT）

技能目标

- 理解 NAT 的实现方式
- 理解 NAT 的工作过程
- 会配置 NAT
- 会分析并排查各类 NAT 故障

本章导读

公司的办公网络需要访问 Internet，但是私网地址不允许在 Internet 上使用，全部使用公网 IP 地址又需要支付高额费用，于是很多公司都采用 NAT 技术来访问 Internet。通过本章的学习，可以了解 NAT 的原理及工作过程，掌握如何在 Cisco 路由器上配置 NAT，以实现公司内部网络访问 Internet 的各种需求。

知识服务

```
                              NAT的概念与实现方式
                              NAT的术语与转换表
                    NAT概述    NAT实现方法的工作过程
                              NAT的特性

       第12章                 静态NAT
                              动态NAT
                    NAT的配置   PAT
                              验证NAT的配置

                    NAT的故障处理
```

12.1 NAT 概述

随着网络的发展，对公网 IP 地址的需求与日俱增。为了缓解公网 IP 地址的不足，并且保护公司内部服务器的私网地址，可以使用网络地址转换（Network Address Translation，NAT）技术将私网地址转化为公网地址，以缓解公网 IP 地址的不足，并且可以隐藏内部服务器的私网地址。NAT 是一个很有用的工具，接下来介绍 NAT 的功能和术语。

12.1.1 NAT 的概念与实现方式

1．NAT 的概念

NAT（Network Address Translation，网络地址转换）通过将内部网络的私网 IP 地址翻译成全球唯一的公网 IP 地址，使内部网络可以连接到互联网等外部网络上，广泛应用于各种类型的互联网接入方式和各种类型的网络中。NAT 不仅解决了公网 IP 地址不足的问题，而且能够隐藏内部网络的细节，避免来自网络外部的攻击，可以起到一定的安全作用。

借助 NAT，私有保留地址的内部网络通过路由器发送数据包时，私有地址被转换成合法的 IP 地址，这样一个局域网只需要少量地址（甚至是一个）即可实现私有地址网络中的所有计算机与互联网的通信需求。

NAT 将自动修改 IP 包头中的源 IP 地址或目的 IP 地址，IP 地址的校验则在 NAT 处理过程中自动完成。有一些应用程序将源 IP 地址嵌入到 IP 数据包的数据部分中，所以还需要同时对数据部分进行修改，以匹配 IP 包头中已经修改过的源 IP 地址。否则，在数据包的数据部分嵌入了 IP 地址的应用程序不能正常工作。令人遗憾的是，Cisco 的 NAT 虽然可以处理很多应用，但还是有一些应用无法支持。

2．NAT 的实现方式

NAT 的实现方式有以下三种：

- 静态转换（Static Translation）。

- 动态转换（Dynamic Translation）。
- 端口地址转换（Port Address Translation，PAT）。

静态转换就是将内部网络的私有 IP 地址转换为公用合法的 IP 地址，IP 地址的对应关系是一对一的，而且是不变的，即某个私有 IP 地址只转换为某个固定的合法的外部 IP 地址。借助于静态转换，能实现外部网络对内部网络中某些特定设备（如服务器）的访问。

动态转换是指将内部网络的私有地址转换为公网地址时，IP 地址的对应关系是不确定的、随机的，所有被授权访问互联网的私有地址可随机转换为任何指定的合法的外部 IP 地址。也就是说，只要指定哪些内部地址可以进行 NAT 转换，以及哪些可用的合法 IP 地址可以作为外部地址，就可以进行动态转换了。动态转换也可以使用多个合法地址集。当 ISP 提供的合法地址少于网络内部的计算机数量时，可以采用动态转换的方式。不过动态转换也是一对一的，所以只有内部网络同时访问 Internet 的主机数少于配置的合法地址池中的 IP 地址数时，才可以使用动态转换。

端口地址转换是改变外出数据包的源 IP 地址和源端口，并进行端口转换，即端口地址转换采用端口多路复用方式。内部网络的所有主机均可共享一个合法的外部 IP 地址来实现互联网的访问，从而可以最大限度地节约公网 IP 地址资源。同时，可以隐藏网络内部的所有主机，以有效地避免来自互联网的攻击。因此，目前网络中使用最多的就是端口多路复用方式。

通过 NAT 实现方式可以看出，静态转换 IP 地址的对应关系是一对一且不变的，并没有节约公网 IP 地址，只是隐藏了主机的真实地址。动态转换虽然在一定情况下节约了公网 IP 地址，但是当内部网络同时访问 Internet 的主机数大于合法地址池中的 IP 地址数时就不适用了。端口地址转换可以使所有内部网络主机共享一个合法的外部 IP 地址，从而最大限度地节约公网 IP 地址资源。

由于动态转换形成的 IP 地址的对应关系是不确定的、随机的，而端口地址转换使用的是端口号的转换，也是不确定的。所以内部网络服务器不能使用这两种转换方式，这是由于外部网络用户无法确定服务器合法的公网 IP 地址，导致无法访问服务器。这时就要使用静态转换将私网 IP 地址转换为固定的合法的公网 IP 地址，这样服务器有了固定的合法的公网 IP 地址，才能实现对外部网络的访问。

12.1.2 NAT 的术语与转换表

NAT 可以让使用私有（保留）地址的网络与公网（如互联网）连接。使用私有地址的"内部"网络通过 NAT 路由器发送数据包时，私有地址被转换成合法的公网 IP 地址，因此，这些数据包可以发送到诸如互联网这样的公网上。

如图 12.1 所示展示了一个 NAT 的简单功能，这个实例可以很好地说明 NAT 的工作过程和使用的各种地址术语。

在这个实例中，内部网络中的 PC 使用私有地址 192.168.1.2 访问 Internet 上的服务器 203.51.23.55。PC 向服务器发送数据包时，数据包经过一台运行 NAT 的路由器。

NAT 将数据包中的私有地址（192.168.1.2）转换成一个公网地址（125.25.65.3），并将数据包转发出去。服务器收到 PC 发送的数据包后，给 PC 发送应答时，数据包中的目的地址是 125.25.65.3（NAT 转换后的公网地址）。数据包再次经过路由器时，NAT 将目的地址转换成 PC 使用的私有地址（192.168.1.2）。

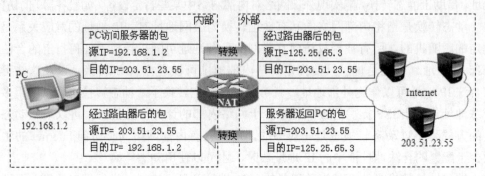

图 12.1　NAT 工作过程示意图

NAT 对于地址转换中的终端设备是透明的。在图 12.1 中，PC 只知道自己的 IP 地址是 192.168.1.2，而不知道 125.25.65.3。服务器只知道 PC 的 IP 地址是 125.25.65.3，不知道 192.168.1.2。

接下来结合这个实例介绍 NAT 的一些相关术语。

- 内部局部 IP 地址（Inside Local IP Address）：在内部网络中分配给主机的私有 IP 地址。
- 内部全局 IP 地址（Inside Global IP Address）：该地址通常是从全球统一可寻址的地址空间中分配的，一般由互联网服务提供商（ISP）提供。
- 外部全局 IP 地址（Outside Global IP Address）：外部网络上的主机分配的 IP 地址。该地址通常也是从全球统一可寻址的地址空间中分配的。
- 外部局部 IP 地址（Outside Local IP Address）：外部主机表现在内部网络的 IP 地址。目前应用较少，了解即可。
- 简单转换条目（Simple Translation Entry）：将一个 IP 地址映射到另一个 IP 地址的转换条目。
- 扩展转换条目（Extended Translation Entry）：映射 IP 地址和端口到另一对 IP 地址和端口的条目。

12.1.3　NAT 实现方法的工作过程

1. 静态转换和动态转换

使用 NAT 转换内部局部地址，就是在内部局部地址和内部全局地址之间建立一个映射关系。在下面的例子中，内部局域网网段的地址 10.1.1.0/24 经过 NAT，转换成 202.168.2.0/24 的内部全局地址。

如图 12.2 所示，NAT 用于将内部私有地址转换为外部合法地址，从中可以看到 NAT 的操作运行过程。

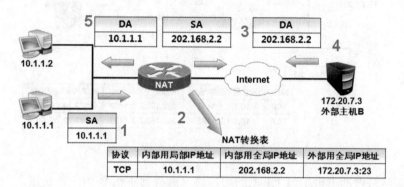

图 12.2　静态和动态地址转换

（1）网络内部主机 10.1.1.1 上的用户建立到外部主机 B 的一条连接。

（2）边界路由器从主机 10.1.1.1 接收到第一个数据包时，将检查 NAT 转换表。

（3）如果已为该地址配置了静态地址转换，或者该地址的动态地址转换已经建立，那么路由器将继续进行步骤（4），否则路由器会决定对地址 10.1.1.1 进行转换。路由器将为其从动态地址集中分配一个合法地址，并建立从内部局部地址 10.1.1.1 到内部全局地址（如 202.168.2.2）的映射。这种类型的转换条目称为简单转换条目。

（4）边界路由器使用所选的内部全局地址 202.168.2.2 来替换内部局部 IP 地址 10.1.1.1，并转发该数据包。

（5）主机 B 收到该数据包，并且用目的地址 202.168.2.2 对内部主机 10.1.1.1 进行应答。

（6）当边界路由器接收到目的地址为内部全局地址的数据包时，路由器将用该内部全局地址通过 NAT 转换表查找出内部局部地址。然后，路由器将数据包中的目的地址替换成 10.1.1.1 的内部局部地址，并将数据包转发到内部主机 10.1.1.1。主机 10.1.1.1 接收该数据包，并继续会话。对于每个数据包，路由器都将执行步骤（2）～（5）的操作。

2. 端口地址转换（PAT）

PAT 复用内部的全局地址，就是通过准许对 TCP 连接或 UDP 会话的端口进行转换，从而节省合法的内部全局地址。前面已经介绍过，当多个不同的内部局部地址映射到同一个内部全局地址时，使用各个内部主机的 TCP 或 UDP 端口号来区分它们。

如图 12.3 所示，将一个内部全局地址用于同时代表多个内部局部地址，这里反映了 NAT 的操作运行过程。将内部局部地址 10.1.1.0/24 复用到 202.168.2.2 这个地址上。在这种情况下，NAT 将采用扩展的转换条目表。在该表中，IP 地址和端口号的组合可以唯一地区分各个内部主机。用端口来区分内部主机，实际上就是端口地址转换，PAT 是 NAT 的一个子集。

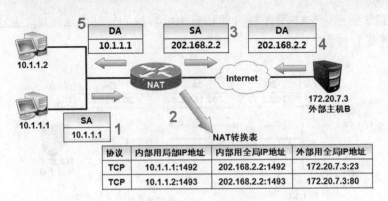

图 12.3   PAT 地址转换

（1）网络内部主机 10.1.1.1 上的用户建立到外部主机 B 的一条连接。

（2）边界路由器从内部主机 10.1.1.1 接收到第一个数据包时，会检查其 NAT 转换表。

（3）如果还没有为该内部地址建立地址转换映射，路由器会决定对该地址进行转换。路由器会为内部局部地址 10.1.1.1 建立到内部全局合法地址（如 202.168.2.2）的映射。

（4）如果启用了地址复用功能，而且已经有其他地址转换映射存在，那么，路由器将再次启用内部全局地址 202.168.2.2，为该内部局部地址建立映射。同时会为该映射与其他转换条目进行区分，并保留足够的信息。这种类型的转换条目（包含 IP 地址和端口号）称为扩展转换条目。

（5）边界路由器使用所选的内部全局地址 202.168.2.2 来替换内部局部 IP 地址 10.1.1.1，并转发该数据包。

（6）主机 B 收到该数据包，并且用目的地址 202.168.2.2 来对内部主机 10.1.1.1 进行应答。

（7）当边界路由器接收到目的地址为内部全局 IP 地址的数据包时，路由器将用内部全局地址及协议端口号和外部地址及端口号，从 NAT 转换表中查找出对应的内部局部地址和端口号。然后，将目的地址转换成内部局部地址 10.1.1.1，并将数据包转发到该内部主机。主机 10.1.1.1 接收数据包，并继续该会话。对于每个数据包，路由器都将执行步骤（2）～（5）的操作。

12.1.4   NAT 的特性

NAT 的典型优点如下：

- NAT 允许企业内部网络使用私有地址，并通过设置合法的地址集，使内部网络可以与互联网进行通信，从而达到节省合法注册地址的目的。
- NAT 增强了内部网络与公网连接时的灵活性。它可以通过使用多地址集、备份地址集和负载分担 / 均衡地址集，来确保可靠的公网连接。对于网络设计者来说，内部网络的设计也会变得比较容易，因为做地址规划时可以有更多的灵活性。

NAT 的典型缺点如下：

- NAT 会使延迟增大。因为要转换每个数据包报头中的 IP 地址，自然就会增加数据包转发时的延迟。
- NAT 增加了配置和排错的复杂性。使用和实施 NAT 时，无法实现对 IP 包端对端的路径跟踪。在经过了多个使用 NAT 地址转换的设备之后，对数据包的路径跟踪将变得十分困难。
- NAT 也可能会使某些需要使用内嵌 IP 地址的应用不能正常工作，因为它隐藏了端到端的 IP 地址。

12.2　NAT 的配置

在配置 NAT 过程之前，首先必须弄清楚内部接口和外部接口，以及在哪个外部接口上启用 NAT。通常情况下，连接到用户内部网络的接口是 NAT 内部接口，而连接到外部网络（如互联网）的接口是 NAT 外部接口。

12.2.1　静态 NAT

1. 静态 NAT 配置

下面通过示例来说明静态 NAT 的配置。公司内部局域网使用的 IP 地址的范围为 192.168.100.2 ～ 192.168.100.254，路由器局域网端口（默认网关）的 IP 地址是 192.168.100.1，子网掩码为 255.255.255.0。公司从运营商处获得的合法 IP 地址的范围是 61.159.62.128 ～ 61.159.62.135，路由器在广域网的地址是 61.159.62.130，子网掩码是 255.255.255.248。可用于地址转换的地址范围是 61.159.62.131 ～ 61.159.62.134，如图 12.4 和图 12.5 所示。

要求：公司希望 IP 地址的范围为 192.168.100.2 ～ 192.168.100.3 的两台主机既能访问 Internet 又能被外部网络访问，并且转换为合法的外部地址的范围为 61.159.62.131 ～ 61.159.62.132。

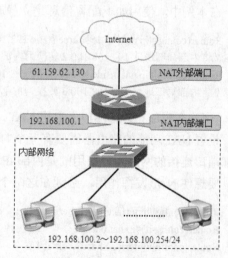

图 12.4　NAT 静态转换网络结构示意图

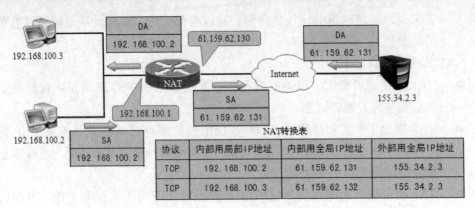

图 12.5　NAT 静态转换示意图

具体步骤如下：

（1）设置外部端口的 IP 地址。

```
Router(config)#interface FastEthernet 0/0
Router(config-if)#ip address 61.159.62.130 255.255.255.248
```

（2）设置内部端口的 IP 地址。

```
Router(config)#interface FastEthernet 1/0
Router(config-if)#ip address 192.168.100.1 255.255.255.0
```

（3）在内部局部地址和内部全局地址之间建立静态 NAT 语法。

```
Router(config)#ip nat inside source static local-ip global-ip [extendable]
```

其中，参数 extendable（可选）表示允许同一个内部局部地址映射到多个内部全局地址。inside 表示从 inside 口进入的流量对源地址（source）进行静态转换。

在本例中，使用如下配置信息建立静态 NAT。

```
Router(config)#ip nat inside source static 192.168.100.2 61.159.62.130
// 将内部局部地址 192.168.100.2 转换为内部全局地址 61.159.62.130
Router(config)#ip nat inside source static 192.168.100.3 61.159.62.131
// 将内部局部地址 192.168.100.3 转换为内部全局地址 61.159.62.131
```

（4）在内部和外部端口上启用 NAT。

设置 NAT 功能的路由器需要有一个内部端口（Inside）和一个外部端口（Outside）。内部端口连接的网络用户使用的是内部 IP 地址，外部端口连接的是外部网络，如互联网。要想使 NAT 发挥作用，必须在这两个端口上启用 NAT。

```
Router(config)#interface FastEthernet 0/0
Router(config-if)#ip nat outside
Router(config)#interface FastEthernet 1/0
Router(config-if)#ip nat inside
```

（5）配置默认路由。

使数据包可以正常选路，配置信息如下所示。

```
Router(config)#ip route 0.0.0.0 0.0.0.0 61.159.62.129
```

至此，静态 NAT 设置完毕。

2．NAT 端口映射

公司内部 192.168.100.2 主机是公司的 Web 服务器（80 端口），出于安全考虑，公司希望外部网络访问 Web 服务器时使用 8080 端口。

要满足公司的要求，需要使用 NAT 的端口映射功能，在内部局部地址和内部全局地址之间建立 NAT 端口映射的命令语法如下：

```
Router(config)#ip nat inside source static protocol local-ip UDP/TCP-port global-ip UDP/TCP-port
[extendable]
```

此命令是将 TCP 或 UDP 协议中内部局部地址需要转换的端口号转换成内部全局地址的端口号。

在本例中，使用如下命令配置 NAT 的端口映射，其他命令不变。

```
Router(config)#ip nat inside source static tcp 192.168.100.2 80 61.159.62.131 8080 extendable
```

这样就将 Web 服务器 192.168.100.2 的 80 端口转换成了 61.159.62.131 的 8080 端口。在外部网络访问 61.159.62.131 的 8080 端口，就会映射到 192.168.100.2 的 80 端口（Web 服务）。

NAT 端口映射还可以将不同服务器的不同服务（端口）映射到同一公网地址的不同端口，给人的感觉是通过一个地址访问了所有的服务。如图 12.6 所示，公司内部有两台服务器，分别是 SMTP 服务器和 Web 服务器。SMTP 服务器的私网地址是 192.168.10.2，Web 服务器的私网地址是 192.168.10.3。使用端口映射将两个服务器转换成公网 IP 地址 65.52.21.10。当外部主机向内部发送数据包时，NAT 检查数据包的目的地址和端口号。如果数据包的目的地址是 65.52.21.10，目的端口号是 25，NAT 将把这个数据包的目的地址转换成 SMTP 服务器的地址 192.168.10.2。如果数据包的目的地址是 65.52.21.10，目的端口号是 80，NAT 将把这个数据包的目的地址转换成 Web 服务器的地址 192.168.10.3。

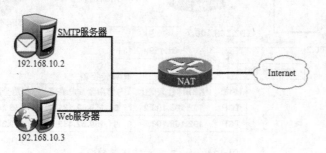

图 12.6　公司网络示意图

路由器的配置信息如下：

```
Router(config)#ip nat inside source static tcp 192.168.10.2 25 65.52. 21.10 25 extendable
Router(config)#ip nat inside source static tcp 192.168.10.3 80 65.52. 21.10 80 extendable
```

12.2.2 动态 NAT

下面通过一个实例来介绍动态 NAT 的配置。公司内部局域网使用的 IP 地址的范围为 192.168.100.2 ～ 192.168.100.254，路由器局域网端口（默认网关）的 IP 地址是 192.168.100.1，子网掩码为 255.255.255.0。网络分配的合法 IP 地址的范围为 61.159.62.128 ～ 61.159.62.191，路由器在广域网的地址是 61.159.62.130，子网掩码是 255.255.255.192。可以用于地址转换的地址范围为 61.159.62.131 ～ 61.159.62.190，如图 12.7 和图 12.8 所示。

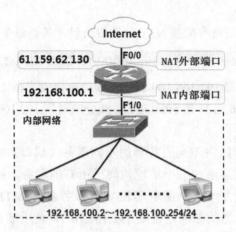

图 12.7 NAT 动态转换网络结构示意图

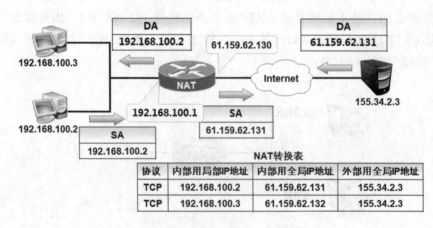

协议	内部用局部IP地址	内部用全局IP地址	外部用全局IP地址
TCP	192.168.100.2	61.159.62.131	155.34.2.3
TCP	192.168.100.3	61.159.62.132	155.34.2.3

图 12.8 NAT 动态转换示意图

要求：公司希望将内部地址 192.168.100.0/24 转换为合法的外部地址的范围为

61.159. 62.131 ～ 61.159.62.190。

具体步骤如下：

（1）设置外部端口的 IP 地址。

```
Router(config)#interface FastEthernet 0/0
Router(config-if)#ip address 61.159.62.130 255.255.255.192
```

（2）设置内部端口的 IP 地址。

```
Router(config)#interface FastEthernet 1/0
Router(config-if)#ip address 192.168.100.1 255.255.255.0
```

（3）定义内部网络中允许访问外部网络的 ACL。

```
Router(config)#access-list 1 permit 192.168.100.0 0.0.0.255
```

上述命令表示允许内部网络 192.168.100.0/24 访问外部网络。

（4）定义合法 IP 地址池。

定义合法 IP 地址池的命令语法如下所示。

```
Router(config)#ip nat pool pool-name start-ip end-ip {netmask netmask | prefix-length prefix-length}
[type rotary]
```

下面对该命令的相关参数进行说明。

- pool-name：放置转换后地址的地址池名称。
- start-ip/end-ip：地址池内起始和终止 IP 地址。
- netmask netmask：子网掩码，以点分十进制数表示。
- prefix-length prefix-length：子网掩码，以掩码中 1 的数量表示（如 prefix-length 24 等同于 netmask 255.255.255.0）。两种掩码的表示方式等价，任意使用一种即可。
- type rotary（可选）：地址池中的地址为循环使用。

如果有多个合法地址池，可以重复使用此命令添加地址池。例如，下面的命令配置了三个地址池。

```
Router(config)#ip nat pool test0 61.159.62.131 61.159.62.190 netmask 255.255.255.192
Router(config)#ip nat pool test1 62.159.62.131 62.159.62.190 netmask 255.255.255.192
Router(config)#ip nat pool test2 63.159.62.131 63.159.62.190 netmask 255.255.255.192
```

注意

配置 ACL 时，可以将其配置为标准 ACL，也可以将其配置为扩展 ACL。

（5）实现网络地址转换。

在全局配置模式中，将由 access-list 指定的内部局部地址与指定的内部全局地址池进行地址转换。命令语法如下：

```
Router(config)#ip nat inside source list access-list-number  pool pool-name [overload]
```

其中，overload（可选）表示使用地址复用，用于 PAT。

下面的命令表示将 ACL 1 中的局部地址转换为 test0 地址池中定义的全局 IP 地址。

```
Router(config)#ip nat inside source list 1 pool  test0
```

如果有多个地址池，可以一一添加，以增加合法地址池的数量范围，命令语法如下：

```
Router(config)#ip nat inside source list 1 pool  test1
Router(config)#ip nat inside source list 1 pool  test2
```

（6）在内部和外部端口上启用 NAT。

```
Router(config)#interface FastEthernet 0/0
Router(config-if)#ip nat outside
Router(config)#interface FastEthernet 1/0
Router(config-if)#ip nat inside
```

（7）配置默认路由。

使数据包可以正常选路，配置信息如下：

```
Router(config)#ip route 0.0.0.0 0.0.0.0 61.159.62.129
```

至此，动态 NAT 设置完毕。

12.2.3　PAT

1. 使用外部全局地址

下面通过例子来说明使用外部全局地址配置 PAT 的方法。公司内部局域网使用的 IP 地址范围为 10.1.1.2 ～ 10.1.1.254，路由器局域网端口（默认网关）的 IP 地址为 10.1.1.1，子网掩码为 255.255.255.0。网络分配的合法 IP 地址的范围为 61.159.62.128 ～ 61.159.62.135，路由器在广域网的地址为 61.159.62.130，子网掩码为 255.255.255.248。可以用于 NAT 的地址为 61.159.62.131/29，如图 12.9 和图 12.10 所示。

要求：公司希望将内部网络地址 10.1.1.0/24 转换为合法的外部地址 61.159.62.131/29。

具体步骤如下：

（1）配置外部端口和内部端口的 IP 地址（配置信息略）。

（2）内部访问列表，命令语法如下：

```
Router(config)#access-list 1 permit 10.1.1.0 0.0.0.255
```

在这里，允许访问互联网的网段为 10.1.1.0/24。

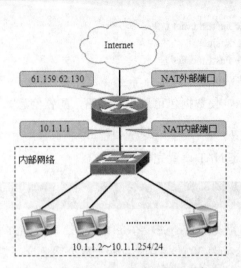

图 12.9 PAT 动态转换网络结构示意图

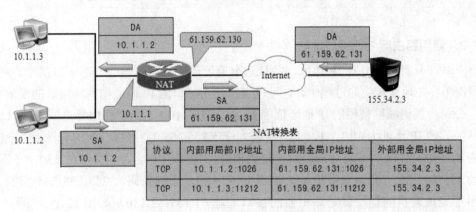

图 12.10 PAT 动态转换示意图

（3）定义合法的 IP 地址池，命令语法如下：

Router(config)#ip nat pool onlyone 61.159.62.131 61.159.62.131 netmask 255. 255.255.248

合法地址池的名称是 onlyone，合法地址的范围为 61.159.62.131，子网掩码为 255.255.255.248。由于只有一个地址，所以起始地址与终止地址相同。

（4）设置复用动态 IP 地址转换。

在全局配置模式中，设置在内部局部地址与内部全局地址之间建立动态 NAT。

Router(config)#ip nat inside source list access-list-number pool pool-name [overload]

下面的命令表示：以端口复用方式，将 ACL 1 中的局部地址转换为 onlyone 地址池中定义的全局 IP 地址。

Router(config)#ip nat inside source list 1 pool onlyone overload

（5）在内部和外部端口上启用 NAT。

```
Router(config)#interface FastEthernet 0/0
Router(config-if)#ip nat outside
Router(config)#interface FastEthernet 1/0
Router(config-if)#ip nat inside
```

（6）配置默认路由，使数据包可以正常选路，配置信息如下所示。

```
Router(config)#ip route 0.0.0.0 0.0.0.0 61.159.62.129
```

至此，端口复用动态 NAT 设置完毕。

> **注意**
>
> 以上 NAT 配置使用的是一段合法 IP 地址。有时 ISP 分配的是两段 IP 地址，一段子网掩码为 30 的接口地址和一段公网地址，其中接口地址可以是公网地址也可以是私网地址。如果 ISP 分配两段 IP 地址，则配置广域网接口时使用接口地址，配置 NAT 时使用公网地址，其配置与上述示例相同。

2. 复用路由器外部接口地址

有时，只有一个外部 IP 地址，并且这个地址已经被路由器的外部接口使用。在这种情况下，在地址转换的过程中，也可以直接使用接口的 IP 地址作为转换后的源地址。

公司内部局域网使用的 IP 地址范围为 10.1.1.1 ~ 10.1.1.254，路由器局域网端口（默认网关）的 IP 地址为 10.1.1.1，子网掩码为 255.255.255.0。网络分配的合法 IP 地址范围为 61.159.62.128 ~ 61.159.62.131，路由器在广域网的地址为 61.159.62.130，子网掩码为 255.255.255.252，对端地址为 61.159.62.129，子网掩码为 255.255.255.252。可以用于地址转换的地址就是路由器的接口地址 61.159.62.130，如图 12.11 和图 12.12 所示。

图 12.11　PAT 动态转换网络结构示意图

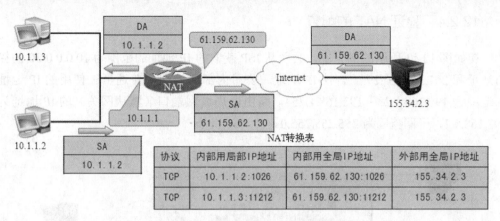

图 12.12　PAT 动态转换示意图

要求：公司希望将内部网络地址 10.1.1.0/24 转换为合法的外部地址 61.159.62.130。

具体步骤如下：

（1）配置外部端口和内部端口的 IP 地址。

（2）定义内部访问列表。

> Router(config)#access-list 1 permit 10.1.1.0 0.0.0.255

（3）定义合法的 IP 地址池。

由于直接使用外部接口地址，所以不再定义 IP 地址池。

（4）设置复用动态 IP 地址转换。

在全局配置模式中，设置在内部的本地地址与内部合法地址之间建立动态地址转换。命令如下：

> Router(config)#ip nat inside source list 1 interface FastEthernet 0/0 overload

上述命令表示：以端口复用方式，将 ACL 1 中的私有地址转换为路由器外部接口的合法 IP 地址。

（5）在内部和外部端口上启用 NAT。

> Router(config)#interface FastEthernet 0/0
> Router(config-if)#ip nat outside
> Router(config)#interface FastEthernet 1/0
> Router(config-if)#ip nat inside

（6）配置默认路由。

使数据包可以正常选路，配置信息如下：

> Router(config)#ip route 0.0.0.0 0.0.0.0 61.159.62.129

至此，端口复用动态地址转换完成。

12.2.4 验证 NAT 的配置

在如图 12.13 所示的例子中，公司从 ISP 获取的 IP 地址的范围为 10.0.0.0/30 的接口地址和 207.35.18.0/29 的合法 IP 地址。公司内部局域网中普通员工使用的 IP 地址的范围为 192.168.1.2 ～ 192.168.1.254，路由器局域网端口（默认网关）的 IP 地址为 192.168.1.1，子网掩码为 255.255.255.0。

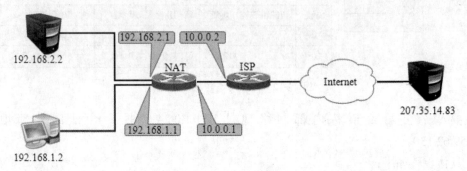

图 12.13 NAT 配置

服务器使用的 IP 地址范围为 192.168.2.2 ～ 192.168.2.254，其中 192.168.2.2 为公司的 Web 服务器，路由器局域网端口（默认网关）的 IP 地址为 192.168.2.1，子网掩码为 255.255.255.0。

要求：公司内部服务器 192.168.2.2 采用静态 NAT 转换为 207.35.18.6，将内部网络地址 192.168.1.0/24 采用 PAT 转换为合法的外部地址的范围为 207.35.18.1 ～ 207.35.18.5。

下面是接入路由器 NAT 的配置信息。

```
interface FastEthernet0/0
 ip address 10.0.0.1 255.255.255.252
 ip nat outside
!
interface FastEthernet1/0
 ip address 192.168.2.1 255.255.255.0
 ip nat inside
!
interface FastEthernet2/0
 ip address 192.168.1.1 255.255.255.0
 ip nat inside
!
ip route 0.0.0.0 0.0.0.0 10.0.0.2
!
ip nat pool test 207.35.18.1 207.35.18.5 netmask 255.255.255.248
ip nat inside source list 1 pool test overload
ip nat inside source static 192.168.2.2 207.35.18.6
```

```
!
access-list 1 permit 192.168.1.0 0.0.0.255
```

为验证 NAT 配置，可以使用 show ip nat translations 命令显示当前存在的转换。如果图 12.13 所示的例子中没有数据包进行转换，通过 show ip nat translations 命令查看 NAT 条目，输出的内容中只显示配置的静态 NAT 的一个基本转换。

```
Router#show ip nat translations
Pro Inside global    Inside local    Outside local    Outside global
--- 207.35.18.6      192.168.2.2     ---              ---
```

上面的输出结果说明，内部局部地址 192.168.2.2 转换为内部全局地址 207.35.18.6。

可以用 show ip nat statistics 命令来查看 NAT 的统计信息。

```
Router#show ip nat statistics
Total active translations: 7 (1 static, 6 dynamic; 6 extended)
Outside interfaces:
 FastEthernet0/0
Inside interfaces:
 FastEthernet1/0, FastEthernet2/0
Hits: 18  Misses: 18
CEF Translated packets: 36, CEF Punted packets: 0
Expired translations: 0
Dynamic mappings:
-- Inside Source
[Id: 1] access-list 1 pool test refcount 6
 pool test: netmask 255.255.255.248
     start 207.35.18.1 end 207.35.18.5
     type generic, total addresses 5, allocated 1 (20%), misses 0
Queued Packets: 0
```

从上述显示的信息中可以看出 NAT 配置的总结和激活类型的数目、现有映射选中的次数、未选中的次数和超时的转换等。

从内部主机发送几个数据包到外部主机，通过简单的连通性测试就可以验证 PAT 是否起了作用。然后可以使用 show ip nat translations 命令查看 PAT 的转换情况。

```
Router#show ip nat translations
Pro Inside global        Inside local    Outside local    Outside global
icmp 207.35.18.2:6002  192.168.1.3: 6002  207.35.14.83: 6002  207.35.14.83: 6002
icmp 207.35.18.2:15488 192.168.1.3: 15488 207.35.14.83: 15488 207.35.14. 83: 15488
icmp 207.35.18.2:14225 192.168.1.2:14225  207.35.14.83:14225  207.35.14. 83:14225
icmp 207.35.18.2:14481 192.168.1.2:14481  207.35.14.83:14481  207.35.14. 83: 14481
---  207.35.18.6    192.168.2.2       ---            ---
```

从上述输出结果中可以看出，本例中使用了地址池中的一个公网 IP 地址

207.35.18.2，借助于端口号来区分内部主机，使得内部主机 192.168.1.2 和 192.168.1.3 实现了和外部网络通信的目的。

可以使用下面的命令对 NAT 进行监控。

```
Router#show ip nat translations [verbose]
```

该命令用来检查当前存在的转换，与关键字 verbose 一起使用能够显示更多的信息，包括一个动态条目的保存时间。

```
Router#show ip nat translations verbose
Pro  Inside global      Inside local   Outside local     Outside global
Icmp  207.35.18.2:31634 192.168.1.2:31634  207.35.14.83:31634  207.35.14. 83:31634
    create 00:00:14, use 00:00:14 timeout:60000, left 00:00:45, Map-Id(In): 1,
    flags:
extended, use_count: 0, entry-id: 36, lc_entries: 0

---   207.35.18.6      192.168.2.2       ---        ---
    create 00:34:40, use 00:27:57 timeout:0,
    flags:
static, use_count: 0, entry-id: 1, lc_entries: 0
```

黑体部分显示了 NAT 条目的创建时间、使用时间、超时时间值、剩余时间，而静态 NAT 形成的转换条目的 timeout 为 0，表示永远存在。默认情况下，如果在一定时间内没有使用动态 NAT 条目，就会因超时而被取消。

注意

> 每个 NAT 条目大概要占用 160 字节的内存，所以，65535 个条目会占用多于 10MB 的内存和相当多的 CPU 资源。在实际工作中，若发现路由器的 CPU 和内存资源紧张，可以查看 NAT 配置和转换条目。

有时因为 NAT 条目过多会导致设备性能下降，可以使用 clear ip nat translation * 命令来删除 NAT 表中的所有条目。* 是一个通配符，代表任意值。首先使用 show ip nat translations 命令查看当前活跃的转换条目，然后输入 clear ip nat translation * 命令来删除所有的转换。再次输入 show ip nat translations 命令进行查看，NAT 条目中只剩下静态转换条目。

```
Router#show ip nat translations
Pro Inside global      Inside local   Outside local     Outside global
icmp 207.35.18.2:18316 192.168.1.2:18316  207.35.14.83:18316 207.35.14. 83: 18316
icmp 207.35.18.2:18572 192.168.1.2:18572  207.35.14.83:18572 207.35.14. 83: 18572
icmp 207.35.18.2:18828 192.168.1.2:18828  207.35.14.83:18828 207.35.14. 83: 18828
icmp 207.35.18.2:19084 192.168.1.2:19084  207.35.14.83:19084 207.35.14. 83: 19084
icmp 207.35.18.2:19340 192.168.1.2:19340  207.35.14.83:19340 207.35.14. 83: 19340
icmp 207.35.18.2:19596 192.168.1.2:19596  207.35.14.83:19596 207.35.14. 83: 19596
--- 207.35.18.6      192.168.2.2       ---       ---
```

```
Router#clear ip nat translation *
Router#show ip nat translations
Pro Inside global    Inside local    Outside local    Outside global
--- 207.35.18.6      192.168.2.2     ---              ---
```

- 使用 clear ip nat translation inside local-ip global-ip 命令，可以删除包含一个内部转换的一个简单转换条目。
- 使用 clear ip nat translation outside local-ip global-ip 命令，可以删除包含一个外部转换的一个简单转换条目。

12.3   NAT 的故障处理

在实际的工作中经常会碰到 NAT 故障，这些问题基本上可归为两类，分别是配置错误和没有正确理解 NAT 的工作方式。

出现这些问题的征兆基本相同，即内部局域网的 IP 地址被配置了 NAT，而内部局域网却没有像预期结果那样能够访问外部网络。

如果理解了实施 NAT 要达到的目标，然后通过查看配置，检查下面的错误是否是引起问题的原因，一般可以将问题解决。

- 是否设置了 ACL，阻塞了进行过 NAT 或者没有进行过 NAT 的流量。配置时要牢记与 ACL 相关的 NAT 操作。如果针对没有进行 ACL 的流量配置了 ACL，而到达的流量实际上是进行了 NAT 的流量，这就导致流量被丢弃。
- 定义需要进行 NAT 的 ACL 时，漏掉了需要进行地址转换的网络。用来定义需要进行 NAT 操作的网络地址的 ACL，应该包括所有需要进行 NAT 的网络。如果列表中缺少一个或多个地址，都将导致无法对来自这些地址的流量进行 NAT。
- 在 NAT 语句中漏掉了 overload 关键字。为了建立 PAT，在 NAT 配置命令的最后，必须使用 overload 关键字。漏掉这个关键字，将会导致无法进行 PAT，最终导致只有数目有限的主机可以访问公用网络或者互联网，而不是期望中的所有主机。
- 不对称路由导致 NAT 失败。当分组进入一个使用 ip nat inside 命令配置的接口时，以及离开使用 ip nat outside 命令配置的接口时，就会发生 NAT。在有很多接口的路由器上，必须确保需要进行 NAT 的流量进入路由器的所有接口都是用 ip nat inside 命令进行配置的，而这个流量离开路由器的所有接口都使用 ip nat outside 命令进行配置。否则，流量在经过没有使用正确的 NAT 命令配置的接口时，无法进行 NAT。
- NAT 地址池和静态 NAT 表项中有重叠地址。确保 NAT 地址池中的 IP 地址也不能用于静态 NAT，这是很重要的，否则将导致间断性的 NAT 失败。如果将广播地址配置到 NAT 地址池中，也会出现间断性的 NAT 失败。

● inside 和 outside 接口配置错误，也会造成 NAT 失败。

比较有用的排错命令是 show ip nat statistics，可以通过此命令查看 NAT 的各种信息。如果想要跟踪 NAT 的操作，可以使用 debug ip nat 命令显示出每个转换的数据包。

```
R1#debug ip nat
IP NAT debugging is on
*Mar  1 00:03:56.875: NAT: s=192.168.4.2->145.52.23.2, d=1.1.1.1 [52225]
*Mar  1 00:03:57.667: NAT*: s=192.168.4.2->145.52.23.2, d=1.1.1.1 [52481]
*Mar  1 00:03:57.811: NAT*: s=1.1.1.1, d=145.52.23.2->192.168.4.2 [52481]
*Mar  1 00:03:58.531: NAT*: s=192.168.4.2->145.52.23.2, d=1.1.1.1 [52737]
*Mar  1 00:03:58.603: NAT*: s=1.1.1.1, d=145.52.23.2->192.168.4.2 [52737]
*Mar  1 00:03:59.827: NAT*: s=192.168.4.2->145.52.23.2, d=1.1.1.1 [52993]
*Mar  1 00:03:59.899: NAT*: s=1.1.1.1, d=145.52.23.2->192.168.4.2 [52993]
*Mar  1 00:04:00.643: NAT*: s=192.168.4.2->145.52.23.2, d=1.1.1.1 [53249]
*Mar  1 00:04:00.763: NAT*: s=1.1.1.1, d=145.52.23.2->192.168.4.2 [53249]
```

针对上面的输出，分析如下：

紧随 NAT 的 * 表示该转换是发生在高速通道上的。每个会话的第一个数据包总是经由低速通道（按处理器交换方式处理）传输。如果缓存条目存在，则每个会话其余的数据包将经由高速通道传输。

● s=192.168.4.2 表示源地址是 192.168.4.2。
● d=1.1.1.1 表示目的地址是 1.1.1.1。
● 192.168.4.2->145.52.23.2 表示将地址 192.168.4.2 转换为 145.52.23.2。
● 括号中的值是 IP 标识。该信息对调试有所帮助，因为它可以帮助用户将同一个会话的数据包关联起来。

本章总结

● NAT 的作用有：节省 IP 地址，内部网络可以使用私有 IP 地址和外部网络通信；增强了内部网络与公用网络连接时的灵活性。
● NAT 的实现方式有三种：静态转换、动态转换和端口地址转换。
● NAT 的配置：使用 NAT 静态转换内部地址；使用 NAT 动态转换内部地址；使用 PAT 转换内部地址。
● 在实际的工作中经常会碰到 NAT 故障，这些问题基本上可以归为两类，分别是配置错误和没有正确理解 NAT 的工作方式。

本章作业

1. 简述 NAT 的工作原理和三种实现方式。

2. 如图 12.14 所示，R1、R2 为公司内部路由器，R3 为 ISP 路由器。公司要求员工能够访问 Internet，并且公网 IP 地址的 123.0.0.0/24 网段能够 TELNET 到路由器 R2。网络规划如下：R1 和 R2 的接口地址为 10.0.0.0/30，R1 和 R3 的接口地址为 123.0.0.0/30，PC 地址段为 192.168.1.0/24，R3 Loopback 的地址为 123.0.0.128/30，公司获得的公网 IP 地址段为 123.0.0.64/28，为 R2 分配的公网地址为 123.0.0.65。

要求在路由器 R1 上配置静态 NAT 和 PAT 来实现公司要求。

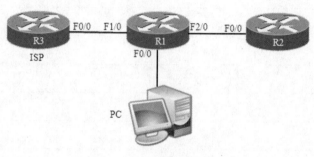

图 12.14　公司网络简图

3. 用课工场 APP 扫一扫，完成在线测试，快来挑战吧！

随手笔记

第13章

网络层协议高级知识

技能目标

- 理解 IP 分片的原理
- 了解 IPv6 协议

本章导读

本章将介绍 IP 分片的原理及安全问题，以及 IPv6 的相关知识。

近些年，随着互联网的飞速发展，IP 地址的消耗速度惊人。据 IANA 测算，IPv4 地址即将彻底消耗完毕。IPv6 已逐渐开始应用，特别是随着物联网的发展，IPv6 的普及指日可待。

知识服务

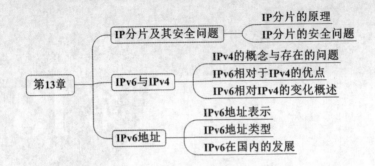

13.1 IP 分片及其安全问题

1. IP 分片的原理

每个网络的数据链路层都有自己的帧格式。例如，以太网常见的帧格式如图 13.1 所示。

| 目的地址 | 源地址 | 类型 | 数据 | FCS |

图 13.1 以太网常见的帧格式

其中，数据字段的长度最大为 1500 字节，这个数值被称为最大传送单元（Maximun Transmission Unit，MTU）。不同的网络有不同的 MTU 值，如以太网的 MTU 值是 1500 字节，PPP 链路的 MTU 值是 296 字节。

当 IP 数据报封装成帧时，必须符合帧格式的规定。如果 IP 数据报的总长度小于或等于 MTU 值，就可以直接封装成一个帧；如果 IP 数据报的总长度大于 MTU 值，就必须分片，然后将每一个分片封装成一个帧。

- 再分片。每一个分片都有它自己的 IP 首部，可以独立地走不同的路由。如果已经分片的数据报遇到了具有更小 MTU 的网络，则还可以再进行分片。
- 分片重装。IP 数据报可以被源主机或其路径上的任何路由器进行分片，然后每个分片经过路由到达目的主机，再进行重装。

如图 13.2 和图 13.3 所示是用 Sniffer 抓到的两个 IP 分片。

它们有以下特点：

- 独立的 IP 数据报。每个分片都是独立的 IP 数据报，都有一个 20 字节的首部。
- 标识（Identification）。标识都是 6307，表示它们是由同一个原始 IP 数据报生成的分片。
- 标志（Flags）。图 13.2 中 Flags 字段的第三位是 MF（more fragments）位，该位为 1 表示还有后续的分片。

图 13.3 中 Flags 字段的第三位是 0，表示这是最后一个分片。

图 13.2 和图 13.3 中 Flags 字段的第二位都是 0，表示允许分片。该位是 DF（Don't fragment）位。

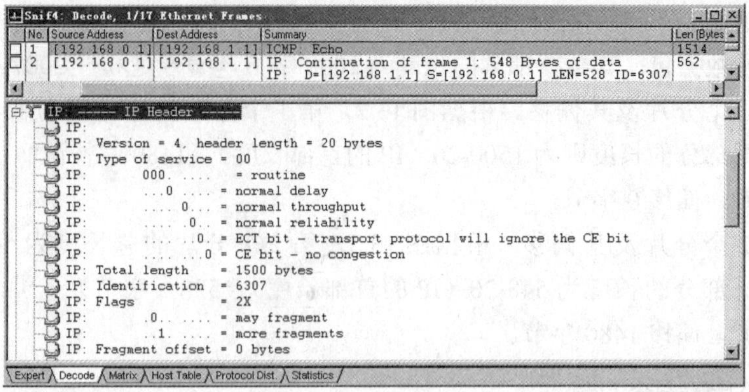

Snif4: Decode, 1/17 Ethernet Frames
No. Source Address Dest Address Summary Len (Bytes
1 [192.168.0.1] [192.168.1.1] ICMP: Echo 1514
2 [192.168.0.1] [192.168.1.1] IP: Continuation of frame 1; 548 Bytes of data 562
IP: D=[192.168.1.1] S=[192.168.0.1] LEN=528 ID=6307
IP: ----- IP Header -----
IP:
IP: Version = 4, header length = 20 bytes
IP: Type of service = 00
IP: 000. .... = routine
IP: ...0 .... = normal delay
IP: .... 0... = normal throughput
IP: .... .0.. = normal reliability
IP: .... ..0. = ECT bit - transport protocol will ignore the CE bit
IP: ....0 = CE bit - no congestion
IP: Total length = 1500 bytes
IP: Identification = 6307
IP: Flags = 2X
IP: .0.. .... = may fragment
IP: ..1. .... = more fragments
IP: Fragment offset = 0 bytes
Expert Decode Matrix Host Table Protocol Dist. Statistics

图 13.2　IP 分片（1）

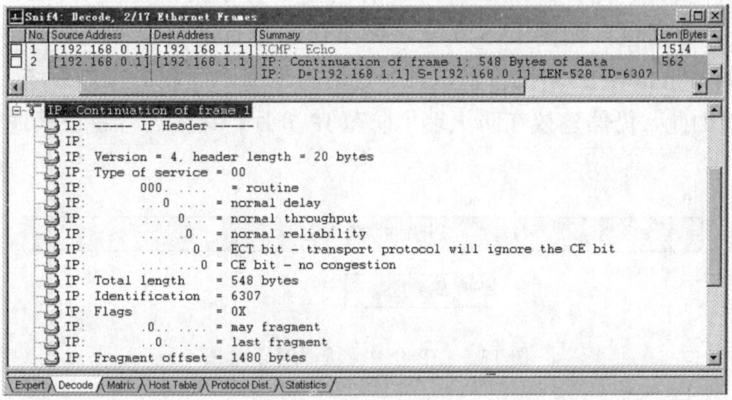

Snif4: Decode, 2/17 Ethernet Frames
No. Source Address Dest Address Summary Len (Bytes
1 [192.168.0.1] [192.168.1.1] ICMP: Echo 1514
2 [192.168.0.1] [192.168.1.1] IP: Continuation of frame 1; 548 Bytes of data 562
IP: D=[192.168.1.1] S=[192.168.0.1] LEN=528 ID=6307
IP: Continuation of frame 1
IP: ----- IP Header -----
IP:
IP: Version = 4, header length = 20 bytes
IP: Type of service = 00
IP: 000. .... = routine
IP: ...0 .... = normal delay
IP: .... 0... = normal throughput
IP: .... .0.. = normal reliability
IP: .... ..0. = ECT bit - transport protocol will ignore the CE bit
IP: ....0 = CE bit - no congestion
IP: Total length = 548 bytes
IP: Identification = 6307
IP: Flags = 0X
IP: .0.. .... = may fragment
IP: ..0. .... = last fragment
IP: Fragment offset = 1480 bytes
Expert Decode Matrix Host Table Protocol Dist. Statistics

图 13.3　IP 分片（2）

- 分片偏移（Fragment offset）。

图 13.2 中 Fragment offset 是 0 字节。

图 13.3 中 Fragment offset 是 1480 字节。

可以看出，与分片相关的字段有三个：标识（Identification）、标志（Flags）、分片偏移（Fragment offset）。

分片偏移是指该分片的数据部分在原始数据包的数据部分的偏移量，如图 13.4 所示。

0
1479
1480
2007
原始数据包的数据部分
分片1的数据部分
分片2的数据部分

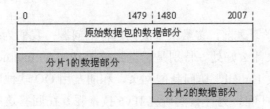

图 13.4　IP 分片偏移示意图

对图 13.4 的解释如下：

- 原始数据包。其数据部分的长度为 2008 字节，编号是 0 ～ 2007。
- 第 1 个分片及其偏移。根据图 13.2，第 1 个分片的总长度为 1500 字节，其数据部分的长度则为 1500-20（IP 的首部长度）=1480（字节），编号是 0 ～ 1479，偏移 0 字节。
- 第 2 个分片及其偏移。根据图 13.3，第 2 个分片的总长度为 548 字节，其数据部分的长度为 548-20（IP 的首部长度）=528（字节），编号是 1480 ～ 2007，偏移 1480 字节。

2. IP 分片的安全问题

IP 分片会导致一些安全问题，很多网络攻击就是利用 IP 分片的原理实现的，如泪滴（Teardrop）攻击。操作系统在收到 IP 分片后，会根据偏移值（Offset）将 IP 分片重新组装成 IP 数据包。如图 13.5 所示，如果伪造含有重叠偏移的分片，早期的一些操作系统（如 Windows 95）在收到这种分片时将崩溃，而新的操作系统已经修复了这个漏洞。尽管如此，仍然建议在防火墙上防范 IP 分片，具体内容将在其他书籍中讲解。

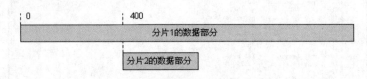

图 13.5　IP 分片重叠偏移示意图

13.2　IPv6 与 IPv4

Internet 设计的最初动机是为了解决如何在核战争爆发时提供可靠的数据通信，TCP/IP 协议提供了一个可行的方案。这个时期的计算机基本上都是安装在有雕花地板的空调机房中，并且价格昂贵，动辄上百万美元，摩尔定理此时也不为人所知。因为上述一些原因，设计者们没有意识到在几十年之后，计算机会变得如此普及，以至于很多家庭基本上每人都拥有一台计算机，并且还接入互联网。这时，当初看起来完美的设计变得不完美了，解决 Internet 缺陷的需求变得越来越迫切，而 IPv6 的出现正是对这种需求的回应。

在开始 IPv6 的学习之前，多数人都会问这样的问题：我们为什么要学习它？这个新技术能给我们带来什么好处？特别是感觉到基于 IPv4 的 Internet 目前工作得很好，每天都能正常地收发 E-mail、访问新闻网页、和朋友用 QQ 软件聊天，为什么还要升级习以为常的 Internet 呢？为什么要研究 IPv6 技术呢？在回答这些问题以前，我们先回顾一下 IPv4 的相关知识。

13.2.1　IPv4 的概念与存在的问题

现在 Internet 所采用的是 TCP/IP 协议簇。IP 是 TCP/IP 协议簇中网络层的协议，也是 TCP/IP 协议簇的核心协议。目前，IP 协议的版本号是 4，称为 IPv4。IPv4 提供了 Internet 中系统之间主机到主机的通信，IPv4 使用的地址位数为 32 位，也就是最多可以有 2^{32} 台计算机连到 Internet 上。近十年来由于互联网的蓬勃发展，IP 地址的需求量越来越大，使得 IP 地址的发放愈趋严格。各项资料显示，全球 IPv4 地址即将耗尽。

IPv4 在实际使用中存在许多问题，首先，是地址空间使用效率比较低。例如，当一个组织得到一个 A 类地址时，就有 1600 多万个地址被该组织独占，即便这个组织可能永远也不会有超过 100 万台计算机。一个典型的实例就是 HP 公司，由于该公司成功地合并了几个大公司，如 Compaq、Digital，所以 HP 公司就顺理成章地合法拥有了好几个 A 类地址空间。在 D 类和 E 类地址中也有好几百万个地址被浪费掉。虽然 NAT 等策略能够减轻所遇到的问题，但仍会使得路由更加复杂。

其次，随着各种应用的出现，人们要求 Internet 必须能够适应实时的音频和视频的传输。这些类型的传输需要最小时延的策略和预留资源，但在 IPv4 的设计中并没有提供。

对于某些应用，Internet 必须能够对数据进行加密和鉴别，但 IPv4 不提供数据的加密和鉴别。

13.2.2　IPv6 相对于 IPv4 的优点

1. 更大的地址空间

IPv6 最明显的特征是它巨大的地址空间。在 IPv4 中地址位为 32 位，即总共的地址为 4294967296 个。而在 IPv6 中，地址位为 128 位，它允许的地址空间为 2^{128} 或 340282366692093846346 33746074317682114 56（约 3.4×10^{38}）个可能的地址。在最初设计 IPv4 地址空间时，没有想到它会被用完，但随着 Internet 上主机的爆炸式增长，IPv4 地址空间即将耗尽，所以寻找替代措施是必需的。

对于 IPv6，则很难想象其地址空间会被耗尽。IPv6 的地址空间如此之大，以至于地球上每平方米可分配的地址达 6.5×10^{23} 个，足够为地球上的每一粒沙子分配一个独立的 IPv6 地址。此外，将 IPv6 地址设计成大尺寸，也是为了能够再次细分 Internet 的路由层次结构，以便更好地反映现代 Internet 的拓扑结构。

2. 更高效的路由基础结构

现在基于 IPv4 的 Internet，其路由结构在主干上是平面的。换句话说，现在 Internet 主干网上的路由器的路由表不能反映 ISP 之间的层次关系。地理上相邻的 ISP 之间所分配的 IP 地址空间是不连续的，如一个从亚洲接入 Internet 骨干网的 ISP 所分配的地址空间，可能会与一个从欧洲接入 Internet 骨干网的 ISP 在地址空间上是连续的。

这样的现实造成在骨干网上很难实现路由汇总，并使得 Internet 骨干网上的路由表变得越来越大。最近的数据显示，骨干网上路由器的路由条目已经超过 10 万条，如此一来，路由的效率会越来越低，而骨干网路由器也会越来越不堪重负。

IPv6 从设计之初就考虑到了这个问题，IPv6 的地址分配将比 IPv4 更严格，并且这种分配从一开始就考虑到了 ISP 之间的层次关系。其效果是：在 IPv6 的骨干网路由器上很容易就能够实现路由条目的汇总，在 IPv6 骨干网路由器上的路由条目将大幅减少。因此，IPv6 会是一个更高效的路由基础架构。

3. 更好的安全性

在像 Internet 这样的公共媒体上实现专用通信，需要安全服务来保护数据在传输过程中免遭查看或修改。虽然存在为数据包提供安全传输的基于 IPv4 的标准（即 IPSec），但是该标准只是可选的。而在 IPv6 中，IPSec 支持是一个协议要求，该要求为设备、应用程序和服务的网络安全需求提供了基于标准的解决方案，并促进不同的 IPv6 之间实现互操作。

4. 更好的服务质量（QoS）

IPv6 报头中使用了一个称为流标签（Flow Lable）的新字段，这个新字段用于定义如何处理和标识流量。关于流标签的具体含义将在后面涉及。同时，在 IPv6 的包头中，还定义了一个流量类型（Traffic Type）字段，能够用来区分不同的业务流。流类型和流标签的组合能够为 IPv6 提供强大的 QoS。

13.2.3　IPv6 相对 IPv4 的变化概述

在接下来的内容中，我们将通过对 IPv6 和 IPv4 包头的比较（见图 13.6）来研究为什么 IPv6 能够实现比 IPv4 更强大的功能。

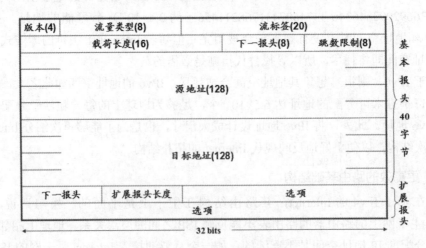

（a）IPv6 的包头

图 13.6　IPv6 和 IPv4 的包头的比较

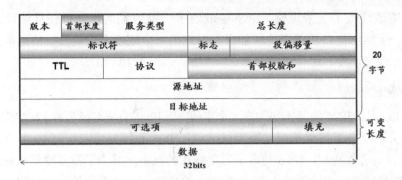

（b）IPv4 的包头

图 13.6　IPv6 和 IPv4 的包头的比较（续）

在 IPv4 中，所有包头以 32 位为单位，即基本的长度单位是 4 字节。在 IPv6 中，包头以 64 位为单位，且包头的总长度是 40 字节。IPv6 协议对其包头定义了以下字段。

- 版本：长度为 4 位，对于 IPv6，该字段必须为 6。
- 流量类型：长度为 8 位，指明为该包提供了某种"区分服务"。RFC 1883 中最初定义该字段只有 4 位，并命名为"优先级"，后来该字段的名称改为"类别"，在最新的 IPv6 Internet 草案中，称为"业务流类别"。该字段的定义独立于 IPv6，目前尚未在任何 RFC 中定义。该字段的默认值是全 0。
- 流标签：长度为 20 位，用于标识属于同一业务流的包。一个节点可以同时作为多个业务流的发送源。流标签和源节点地址唯一标识了一个业务流。
- 载荷长度：长度为 16 位，其中包括包载荷的字节长度，即 IPv6 头后的包中包含的字节数。这意味着在计算载荷长度时包含了 IPv6 扩展头的长度。
- 下一报头：这个字段指出了 IPv6 头后所跟的头字段中的协议类型。与 IPv4 协议字段类似，下一报头字段可以用来指出高层是 TCP 还是 UDP，但它也可以用来指明 IPv6 扩展头的存在。
- 跳数限制：长度为 8 位。每当一个节点对包进行一次转发之后，这个字段就会被减 1。如果该字段达到 0，这个包就将被丢弃。IPv4 中有一个具有类似功能的生存期字段，但与 IPv4 不同，人们不愿意在 IPv6 中由协议定义一个关于包生存时间的上限。这意味着对过期包进行超时判断的功能可以由高层协议完成。
- 源地址：长度为 128 位，指出了 IPv6 包的发送方地址。
- 目的地址：长度为 128 位，指出了 IPv6 包的接收方地址。这个地址可以是一个单播、组播或任意点播地址。如果使用了选路扩展头（其中定义了一个包必须经过的特殊路由），其目的地址可以是其中某一个中间节点的地址而不必是最终地址。

IPv6 与 IPv4 相比，变化体现在以下五个方面。

1．扩展地址

IPv6 的地址结构中除了把 32 位地址空间扩展到 128 位外，还对 IP 主机可能获得的不同类型地址做了一些调整。IPv6 中取消了广播地址而代之以任播地址。IPv4 中用于指定一个网络接口的单播地址和用于指定由一个或多个主机侦听的组播地址，在 IPv6 中基本保持不变。

2. 简化的包头

在图 13.6 中，IPv6 的基本包头有 8 个字段，而 IPv4 的基本包头有 12 个字段，其中，IPv6 的包头中没有了首部长度。原因很简单：IPv6 的包头是定长为 40 字节的，不同于 IPv4 的包头可以变长，IPv6 使用了固定格式的包头并减少了需要检查和处理的字段的数量，这将使得路由的效率更高。在 IPv4 的包头中，分组全长、标识符、标志和报头偏移被用于对数据进行分片和重装，而在 IPv6 中，分片只发生在源端，而重装只发生在目的端，中间的路由器不做分片和重装的工作。因此，分片和重组使用的字段被放在 IPv6 的扩展首部中，中间路由器根本不必去阅读这部分字段，提高了转发效率。对于数据的完整性，由于在第二层和第四层都提供了校验的机制，所以，在 IPv6 设计时，就不再有校验这个字段出现（IPv4 诞生的年代，传输链路的可靠性不高，所以才会不厌其烦地在各层加上数据校验的功能）。

3. 对扩展和选项支持的改进

在 IPv4 中可以在 IP 头的尾部加入选项，与此不同，IPv6 中把选项放在单独的扩展头中。通过这种方法，选项头只有在必要的时候才需要检查和处理。为便于说明，考虑以下两种不同类型的扩展部分：分段头和选路头。

IPv6 中的分段只发生在源节点上，因此需要考虑分段扩展头的节点只有源节点和目的节点。源节点负责分段并创建分段扩展头，该扩展头将放在 IPv6 头和下一个高层协议头之间。目的节点接收该包并使用分段扩展头进行重装。所有中间节点都可以安全地忽略该分段扩展头，这样就提高了包选路的效率。

另一种选择方案中，逐跳（hop-by-hop）选项扩展头要求包的路径上的每一个节点都处理该头字段。这种情况下，每个路由器必须在处理 IPv6 包头的同时也处理逐跳选项。例如，第一个逐跳选项被定义用于超长 IP 包（巨型净荷）。包含巨型净荷的包需要受到特别对待，因为并不是所有链路都有能力处理那样长的传输单元，且路由器希望尽量避免把它们发送到不能处理的网络上。因此，就需要在包经过的每个节点上都对选项进行检查。

4. 流

在 IPv4 中，基本上每个包都是由中间路由器按照自己的方式来处理的。路由器并不跟踪任意两台主机间发送的包，因此不能"记住"如何对将来的包进行处理。IPv6 中实现了流概念，其定义如 RFC 1883 中所述：流指的是从一个特定源发向一个特定（单播或者组播）目的地的包序列。源点希望中间路由器对这些包进行特殊处理。一个流是以某种方式相关的一系列信息包，IP 层必须以相应的方式对待它们。决定信息包属于同一流的参数包括源地址、目的地址、流类型、身份认证等。例如，从一个 FTP 服务器并行下载两个文件，下载的第一个文件所生成的所有数据包都被视为同一个流，而在传输第二个文件时所生成的所有数据包会被视为另一个流。IPv6 中流概念的引入仍然是在无连接协议的基础上的，一个流的目的地址可以是单个节点也可以是一组节点。IPv6 的中间节点接收到一个信息包时，通过验证它的流标签，就可以判断它属于哪个流，然后就可以知道信息包的 QoS 需求，从而进行快速地转发。流概念的引入使得中间传输 IPv6 包的路由器不需要先查看包里面的内容再决定传输的方式，这在加密和一些别的应用中特别有用。

5．身份验证和保密

IPv6 使用了两种安全性扩展：IP 身份验证头（AH）首先由 RFC 1826 描述，而 IP 封装安全性净荷（ESP）首先在 RFC 1827 中描述。这些技术在 IPv4 的 VPN 中也有使用，不同的是，在 IPv4 中，AH 和 ESP 是可选项，需要特殊的软件和设备来支持，而在 IPv6 的设备中，对这些特性的支持是必选项。

13.3　IPv6 地址

13.3.1　IPv6 地址表示

1．IPv6 的首选格式

其实，IPv6 的 128 位地址是每 16 位划分为一段，每段被转换为一个 4 位十六进制数，并用冒号隔开。这种表示方法称为冒号十六进制表示法。下面是一个二进制的 128 位 IPv6 地址。

```
0010000000000001000001000001000000000000000000000000000000000001
0000000000000000000000000000000000000000000000000100010111111111
```

将其划分为每 16 位一段。

```
0010000000000001 0000010000010000 0000000000000000  0000000000000001
0000000000000000 0000000000000000  0000000000000000  0100010111111111
```

将每段转换为十六进制数，并用冒号隔开。

```
2001:0410:0000:0001:0000:0000:0000:45ff
```

这就是 RFC 2373 中定义的首选格式。

2．压缩表示

上面的 IPv6 地址中有好多 0，有的甚至一段中都是 0，表示起来比较麻烦，其实可以将不必要的 0 去掉。对于"不必要的 0"，以上面的例子来看，在第二个段中的 0410 省掉的是开头的 0，而不是结尾的 0，所以在压缩表示后，这个段为 410。这是

IPv6 地址表示中的一个约定：对于一个段中间的 0，如 2001，不做省略；对于一个段中全部数字为 0 的情况，保留一个 0。根据这些原则，上述地址可以表示成如下形式。

2001:410:0:1:0:0:0:45ff

这仍然比较麻烦，为了更方便书写，RFC 2373 中规定：当地址中存在一个或多个连续的 16 比特为 0 字符时，为了缩短地址长度，可用一个 "::"（双冒号）表示，但一个 IPv6 地址中只允许有一个 "::"。要注意的是，使用压缩表示时，不能将一个段内的有效的 0 也压缩掉。例如，不能把 FF02:30:0:0:0:0:0:5 压缩表示成 FF02:3::5，而应该表示为 FF02:30::5。要确定 "::" 代表多少位零，可以计算压缩地址中的块数，用 8 减去此数，然后将结果乘以 16。例如，地址 FF02::2 有两个块（"FF02" 块和 "2" 块），这意味着其他 6 个 16 位块（总共 96 位）已被压缩。

因此上述地址又可以表示为如下形式。

200l:410:0:1::45ff

根据这个规则下列地址是非法的（应用了多个 "::"）。

::AAAA::1   // 压缩前的地址为 0:0:AAAA:0:0:0:0:1
3ffe::1010:2A2A::1 // 压缩前的地址为 3ffe:0:0:1010:2A2A:0:0:1

3. IPv6 地址前缀

前缀是地址的一部分，这部分或者是固定的值，或者是路由或子网的标识。作为 IPv6 子网或路由标识的前缀，其表示方法与 IPv4 中用 1 的个数表示子网掩码的表示方法是相似的，IPv6 前缀用 "地址／前缀长度" 表示方法来表示。

例如，23E0:0:A4::/48 是一个路由前缀，而 23E0:0:A4::/64 是一个子网前缀。在 IPv6 中，用于标识子网的位数总是 64，因此，64 位前缀用来表示节点所在的单个子网。对于任何少于 64 位的前缀，要么是一个路由前缀，要么就是包含了部分 IPv6 地址空间的一个地址范围。根据这个定义，FF00::/8 被用于表示一个地址范围，而 3FFE:FFFF::/32 是一个路由前缀。

13.3.2　IPv6 地址类型

IPv6 有多种地址类型，这里仅简单介绍几种。

1. 链路本地地址

链路本地地址：用于链路上的邻居之间以及邻居发现过程，它定义 IPv6 子网上的节点与主机和路由器的交互方式。

这是 IPv6 中的应用范围受限制的地址类型，只能在连接到同一本地链路的节点之间使用，不能在站点内的子网间路由。在几个 IPv6 机制中使用了该地址（如邻居发现机制）。链路本地地址有固定的格式，图 13.7 显示了链路本地地址的结构，从图中可以看出，链路本地地址由一个特定的前缀和接口 ID 两部分组成：它使用了特定的链路本地前缀 FE80::/10（最高 10 位值为 1111111010），同时将接口 ID 添加在后面作为地址的低 64 比特，而比特 11 至比特 64 设为 0（54 比特）。

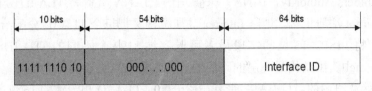

图 13.7 链路本地地址的结构

当一个节点启动 IPv6 协议栈时，节点的每个接口会自动配置一个链路本地地址。这种机制使得两个连接到同一链路的 IPv6 节点不需要做任何配置就可以通信。那么这个链路本地地址是怎么自动配置完成的呢？链路本地地址有一个固定的前缀 FE80::/64 解决了前缀部分的问题，但接口 ID 部分呢？获取 IPv6 接口 ID 的最常用的方法是使用 EUI-64 地址。

EUI-64 是 IEEE 定义的一种基于 64 比特的扩展唯一标识符。EUI-64 和接口链路层地址有关。关于 EUI-64 地址的生成办法在后面会有介绍。节点在与同一链路（又称子网）上的相邻节点通信时会使用链路本地地址。例如，在没有路由器的单链路 IPv6 网络上，链路上主机之间的通信会使用链路本地地址。链路本地地址的范围（网络上的一个区域，地址在其中保持着唯一性）是本地链路。

邻居发现过程需要使用链路本地地址（该地址总是自动配置的），即使在所有其他单播地址都不存在的情况下也需要。

由于链路本地地址的前 64 位是固定的，所有链路本地地址的地址前缀都是 FE80::/64。

2. 全局单播地址

全局单播地址相当于 IPv4 的公网地址，它们在 Internet 上的 IPv6 部分（称为 IPv6 Internet）是可全局路由和访问的。全局单播地址通俗地说就是 IPv6 公网地址。全局单播地址的结构如图 13.8 所示。

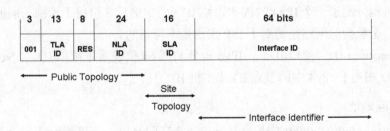

图 13.8 可汇聚全局单播地址结构

如图 13.8 所示，以 001 作为前三位的地址称为可汇聚全局单播地址，其中各个字段的含义如下：

- TLA ID 是顶级汇聚标识符。这个字段的长度为 13 位。TLA ID 标识了路由层次结构的最高层。TLA ID 是由因特网分配号码权威机构（Internet Assigned Numbers Authority，IANA）来管理的。IANA 负责将 TLA ID 分配给地区的 Internet 注册机构，地区 Internet 注册机构又把每个 TLA ID 分配给那些大的、永久的 ISP。13 位的字段最多可以容纳 8192 个不同的 TLA ID。处于 IPv6 Internet 路由结构最高层的路由器（称为默认自由路由器），其路由表中是没有默认路由的，只有那些带有与所分配的 TLA ID 相一致的 16 位前缀的路由，以及那些基于分配给路由器所在区域的 TLA ID 的路由附加项。

RFC 1881 规定，IPv6 地址空间的管理必须符合 Internet 团体的利益，必须是通过一个中心权威机构来分配的。目前这个权威机构就是 IANA。IANA 会根据 IAB（Internet Architecture Board，因特网架构委员会）和 IESG（Internet Engineering Steering Group，因特网工程指导小组）的建议来进行 IPv6 地址的分配。目前 IANA 已经委派三个地方组织来执行 IPv6 地址分配的任务。

- 欧洲地区的 RIPE-NCC（www.ripe.net）。
- 北美地区的 INTERNIC（www.internic.net）。
- 亚太地区的 APNIC（www.apnic.com）。

- RES 是为未来扩展 TLA ID 或 NLA ID 的长度而保留的位。这个字段的长度为 8 位。

- NLA ID 是下一级汇聚标识符。这个字段的长度为 24 位。NLA ID 允许 ISP 在自己的网络中建立多级的寻址结构，以使这些 ISP 既可以为其下级的 ISP 组织寻址和路由，也可以识别其下属的机构站点。ISP 的网络结构对默认自由路由器是不可见的。格式前缀的 001、TLA ID、RES 字段和 NLA ID 构成了一个 48 位的前缀，此前缀会被分配给连接在 IPv6 Internet 的一个机构的站点。

- SLA ID 是站点汇聚标识符。SLA ID 被一个单独的机构用于标识自己站点中的子网。此字段的长度是 16 位。一个机构可以用这 16 位在自己的站点内创建 65536 个子网，或者建立多级的寻址结构。由于 16 位的子网标识具有很大的灵活性，因此，给一个机构分配了可聚合全局单播前缀，就相当于给这个机构分配了一个 IPv4 的 A 类网络 ID（假定最后 8 位用于识别子网的节点）。一个机构的网络结构对于 ISP 来说是不可见的。

- Interface ID（接口 ID）：IPv6 地址的低 64 位表示了接口 ID。IPv6 中的接口 ID 相当于 IPv4 中的节点 ID 或主机 ID。

3. 环回地址

环回地址（0:0:0:0:0:0:0:1 或 ::1）标识一个环回接口。使用此地址，一个节点可以向自己发送数据包；此地址相当于 IPv4 的环回地址 127.0.0.1。定址到环回地址的数据包从不在链路上发送，也不会由 IPv6 路由器转发。

13.3.3　IPv6 在国内的发展

- 2003 年 10 月，连接北京、上海和广州三个核心节点的 CERNET2 试验网率先开通，并投入试运行。
- 2004 年 3 月，CERNET2 试验网正式向用户提供 IPv6 下一代互联网服务。目前，CERNET2 已经接入北京大学、清华大学、复旦大学、浙江大学等 100 多所国内高校，并与谷歌实现基于 IPv6 的 1Gbps 高速互联。
- CERNET2 是中国第一个 IPv6 国家主干网，是目前世界上规模最大的纯 IPv6 主干网，其用户网主要是我国高校和科研单位的研究实验网。
- CERNET2 在国内的地址空间：2001:0d8a::/32，2001:0250::/32。

本章总结

- 如果 IP 数据报的总长度大于 MTU 值，就必须分片，然后将每一个分片封装成一个帧。
- 与分片有关的字段有三个：标识（Identification）、标志（Flags）、分片偏移（Fragment offset）。
- IPv6 相对于 IPv4 的优点有：更大的地址空间、更高效的路由基础结构、更好的安全性、更好的服务质量（QoS）。
- IPv6 的链路本地地址用于链路上的邻居之间以及邻居发现过程，全局单播地址相当于 IPv4 的公网地址。

本章作业

1. 一个总长度为 3000 字节的 IP 数据报（首部长度 20 字节），在通过 MTU 为 1500 字节的网络时，将被分成几个 IP 分片？每个 IP 分片的总长度和 offset 分别是什么？

2. 在主机 A（192.168.1.1）安装 Sniffer 软件，在主机 B 运行 ping 192.168.1.1 -l 2000。

要求在主机 A 通过抓包观察分析 IP 如何分片。

3. 用课工场 APP 扫一扫，完成在线测试，快来挑战吧！

随手笔记